Python
ライブラリ
定番セレクション

マイクロフレームワークによる
サーバーサイドプログラミング

Flask
Webアプリ開発 実装ハンドブック

サーバーサイドの処理を完全図解

著 チーム・カルポ

秀和システム

はじめに

Flask（フラスク）は、プログラミング言語Pythonで開発された、Python用のWebアプリケーションフレームワークです。フレームワークという用語は、一般に「ある程度の規模を持つライブラリの集合体」という意味で使われますが、FlaskはWebアプリ開発のための最小限の機能に絞っているため、自らを「**マイクロフレームワーク**」（小規模のフレームワーク）と呼んでいます。

FlaskでWebアプリを開発するのは驚くほど簡単です。ただし、マイクロフレームワークなので、「アクセスされたWebページをブラウザーに表示する」といった基本的な処理に限定されます。

例えば、「データベースを構築して連携したい」、「ユーザー管理を含む認証処理を行いたい」といった場合は、開発者自らが機能を用意する必要があります。といっても、Flaskにはデータベースやユーザー認証をはじめとする「拡張ライブラリ」が用意されているので、それらを利用できます。つまり、Flask自体は基本ライブラリであり、用途に応じて拡張ライブラリを追加する――というカスタマイズ性に重きを置いた作りになっていることがわかります。Flask自体はマイクロフレームワークですが、拡張ライブラリの導入によって「フルスタックのフレームワーク」にするのも開発者の自由です。

用途や目的によって機能を拡張し、逆に不要な機能は組み込まないなど、使い方が開発者に委ねられていることはFlaskの大きな魅力の1つだといえます。

「FlaskはWebプログラミングの学習に向いている」とよく言われますが、これはFlaskが簡単だからというよりも、Flaskにはブラックボックス化された処理が少ないためだと思われます。あらゆる処理において、使用する機能を選択し、それを何に対してどのように適用するのかをきちんとコードで書くことが求められます。フレームワークが内部的に処理する部分が少ないため、プログラムの流れを把握しつつ、効率的に学習できることでしょう。

2023年4月　チーム・カルポ

本書でできること

ルーティングからビューを経由したレンダリング

Web上のルーティング（経路選択）から、ビューと呼ばれる仕組みを利用してレスポンスデータを生成する過程を、Flaskの基本機能を使って実現できるようになります。

データベースとの連携

拡張ライブラリ「Flask-Migrate」を導入して、データベースの構築が行えるようになります。さらに「SQLAlchemy」の導入により、データベースと連携した処理が行えるようになります。

ユーザー管理

Flaskの基本機能だけを用いたユーザー管理のほか、「Flask-Login」を導入することでログイン／ログアウトを含むユーザーとのセッション（通信の開始から終了まで）の管理ができるようになります。

ユーザーの入力データをメールで受信

「Flask-Mail」の導入により、「Webページ（フォーム）で入力されたデータをメールで受信する」仕組みが作れるようになります。ユーザーが入力したデータをデータベースに保存するのではなく、メールサーバーを介して管理者のアドレスにデータを届けるのがポイントです。ユーザーがデータを入力するフォームについては、「Flask-WTF」を利用して作成します。

ページネーション

「Flask-Paginate」の導入により、データベースと連携したページネーションの処理が行えるようになります。1ページに表示するデータの件数が多い場合は、ページネーションの処理が役に立ちます。1ページに表示するデータの件数を指定し、複数のページに分けて表示します。

ファイルのアップロード

「ユーザーがWebアプリを介して任意のファイルをアップロードする」仕組みが作れます。

- **Bootstrapの使い方が学べる**

本書では、Flaskを集中して学ぶために、HTMLやCSS、JavaScriptなどの素材は「Bootstrap」のサンプルプログラムを利用します。

本書の対象読者

・Webアプリの開発に興味のある方、または実践してみたい方
・サーバーサイドのプログラミングに興味のある方、または実践してみたい方
・Pythonやオブジェクト指向言語の知識があり、実用的なアプリ開発に進みたいと考えている方

この本にもPythonの文法を解説している箇所はあるのですが、Flaskを用いたプログラミングを効率的に進めるための概略的な説明になります。Pythonの言語仕様の全体像やオブジェクト指向言語の根幹となる概念については、入門書等をお読みください。

対応OSとPythonの使用バージョン

Windowsとmac OSに対応しています。どちらの環境でも、2023年4月現在におけるPythonの最新バージョンであるPython 3.11を使用します。

開発環境

Visual Studio Code（略称：VSCode）のバージョン1.76を使用します。

日本語化を行う拡張機能「Japanese Language Pack for VS Code」、Python言語でプログラミングするための拡張機能「Python」のインストールが必要です。また、必須ではありませんが、データベースをVSCode上から操作できる「SQLite3 Editor」をインストールしておくと便利です。これらの拡張機能のインストール方法は本編で紹介しています。

Flaskの拡張ライブラリ

本書掲載のプログラムについては、Flask本体に加えて次の拡張ライブラリをPython環境にインストールのうえ、動作を確認しています。

・Flask
・Flask-Migrate
・SQLAlchemy
・Flask-Mail
・Flask-Login
・Flask-Paginate

これらのライブラリは不定期にアップデートが行われており、予告なく仕様が変更される場合もあります。本書では2023年4月時点の最新版を使用していますが、将来の仕様変更には対応できないことをご了承ください。

本書で提供するサンプルプログラムについて

本書で紹介したプログラムは下記URLからダウンロードできます。書籍では「flaskproject」フォルダーに各プロジェクトのフォルダーを格納した状態で解説していますが、サンプルプログラムでは各節ごとの完成形を示すため、

「章番号のフォルダー」➡「節番号のフォルダー」➡「プロジェクトフォルダー」

のように格納しています。

例えば第2章第2節で扱っているプロジェクト「blogproject」は、

「chap02」➡「02_02」フォルダー

に格納されています。ご利用の際は、プロジェクトのフォルダーをVSCodeで直接開いたほうが使いやすいと思います。

本書の構成

第1章　Flaskで開発するための準備

Flaskで開発するWebアプリの概要、およびFlaskで開発するための環境について紹介します。Flaskを使うためのPythonプログラミングのポイントについても簡潔にまとめています。

第2章　Bootstrapを利用してトップページを作る

第2章から第5章にかけて、ブログアプリの開発を行います。まずこの章では、Bootstrapのサンプルを利用して本格的なデザインのトップページを作成し、実際にブラウザーから表示できるようにするところまで進めます。

第3章　データベースを用意する

ブログの記事を蓄積(保存)するためのデータベースを用意し、Web上からデータベースを操作するための「crud」アプリを開発します。crudアプリには管理者のみがアクセスできるように、管理者に限定した認証機能を実装します。

第4章　データベースと連携する

データベースに蓄積されたブログ記事を一覧表示する仕組みを開発します。トップページでは、ブログ記事の一部を複数のページに分割して一覧表示できるようにし、別途で1件のブログ記事の全文を表示する詳細ページを用意します。

第5章　フォームからメールで送信する仕組みを作る

ブログアプリに問い合わせ用のページを用意し、「ページのフォーム(HTML部品)に入力されたデータを管理者のメールアドレス宛に送信する」仕組みを開発します。Flaskで開発したアプリからメールサーバーにアクセスし、メール送信を行う処理が学べます。

第6章　ユーザー登録の仕組みを作る

第6章から第8章にかけて「会員制画像投稿(Post picture)アプリ」を開発します。まずこの章では、Bootstrapのサンプル「Creative」を移植してトップページを作成します。トップページにはサインアップのためのフォームが配置されるので、このフォームと連動してユーザー情報を登録するためのデータベースの構築も行います。

第7章　ユーザー認証の仕組みを実装する

登録済みのユーザーを認証し、ログイン／ログアウトの仕組みを提供するアプリ「authapp」を開発します。

第8章　ログイン後に表示する画像投稿アプリの開発

ログイン後に表示するメインのアプリ「pictapp」を開発します。ユーザーが投稿した画像のサムネイルを一覧表示し、詳細ページで原寸大の画像および投稿時に入力されたタイトルやメッセージを表示します。ユーザーのPCに保存されている画像ファイルをアップロードする仕組みと、投稿後の記事を削除する機能も実装します。

ダウンロードサービスのご案内

● サンプルコードのダウンロードサービス

本書で使用しているサンプルコードは、次の秀和システムのWebサイトからダウンロードできます。

https://www.shuwasystem.co.jp/support/7980html/6796.html

目次

第2章 Bootstrapを利用してトップページを作る

第3章　データベースを用意する

第4章 データベースと連携する

第5章 フォームからメールで送信する仕組みを作る

第6章 ユーザー登録の仕組みを作る

第7章 ユーザー認証の仕組みを実装する

第8章 ログイン後に表示する画像投稿アプリの開発

第1章

Flaskで開発するための準備

1.1

Flaskの概要

Flask《フラスク》は、無料で利用できるオープンソース(誰でもソースコードの使用・修正・拡張・再配布が可能なこと)のWebアプリフレームワークです。実体はPythonで書かれたライブラリですが、Webアプリ開発のための基本機能に絞っていて動作が軽快であることから、自らを「マイクロフレームワーク」と呼んでいます。

Webアプリについて

この本を読んでいる方ならすでにおわかりだと思いますが、Webアプリケーション(Webアプリ)についてあらためて確認しておくことにしましょう。Webで動くアプリには大きく分けて、ブラウザー側で動作する「クライアントサイド」のアプリと、サーバー側で動作する「サーバーサイド」のアプリがあります。クライアントサイドのアプリ開発ではJavaScriptが有名ですね。

JavaScriptはクライアントのブラウザーにHTMLドキュメントと一緒に読み込まれて、ブラウザー上で動作します。なので、JavaScriptが動作する基盤はブラウザーです。そのため、ブラウザーにはHTMLを解析するソフトウェアおよびJavaScriptを解析して実行するためのソフトウェアが備わっています。

一方、サーバーサイドのアプリは、サーバー上で動作します。開発には、PHPやJava、そしてPythonが使われています。この場合、サーバー側にPHPならPHPを解析/実行するソフトウェア、JavaであればJavaのアプリを解析/実行するソフトウェアが搭載されます。もちろん、Pythonであれば解析/実行用のPythonソフトウェアが搭載されます。

こういったアプリ実行用のソフトウェアが搭載されたサーバーのことを「Webアプリケーションサーバー」、略して「アプリケーションサーバー」と呼び、Webサーバーとは区別します(とはいえ、2つのサーバーは同一のコンピューターで動作していることが多いです)。Webサーバーがクライアントとの「窓口」になり、Webアプリとして処理が必要なものはアプリケーションサーバーに渡して処理してもらう、というイメージです。処理後のデータをクライアントに渡す際には、再びWebサーバーを通じてクライアントに送信します。

図1.1　クライアント、Webサーバー、アプリケーションサーバーの関係

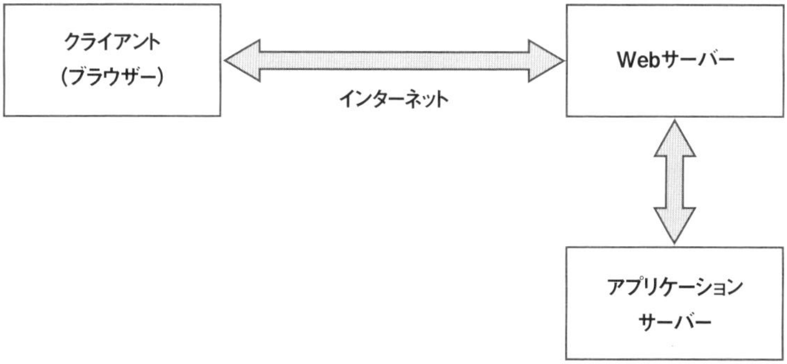

アプリケーションサーバーにはどんなソフトウェアが搭載される？

Pythonで開発したWebアプリを動作させるためには、Pythonのインタープリターや Pythonで使われる基本ライブラリ一式が必要になります。Pythonの公式サイトからインストールできる「Python」がアプリケーションサーバーの基盤になります。最低限、Webサーバーと連携して動作するPythonがあれば、クライアントからのアクセス（リクエスト）に対してWebアプリを実行して処理を行い、応答（レスポンス）を返すことができます。

とはいえ、Pythonの基本機能だけでWebアプリをプログラミングすることを考えた場合、Webの通信処理のような基盤となる部分からプログラミングしなくてはなりません。そのほかにも細々とした作業があり、Webアプリ本体のプログラミングを始めるまでに多くの時間と手間がかかります。

こういった、Webアプリに必須の基盤となる部分を部品化（モジュール化）してまとめたのがFlaskです。Flaskを使えば、Webアプリ特有の処理を「部品の呼び出し」（関数呼び出し）の形で実装できます。こうしたことから、Flaskで開発されたWebアプリを動作させるには、アプリケーションサーバーにPythonと一緒にFlaskもインストールされている必要があります。

Flaskの中身って何？

前項で少し触れましたが、Flaskの中身は主に、Webアプリ開発の基盤となる部品(クラス)が納められたモジュール(Pythonソースファイル)群、言い換えるとPythonのライブラリです。そのほかに、開発しているPC上で動作確認をするための「開発用サーバー」も含まれています。

FlaskはPythonのインストール用アプリpipで簡単にインストールできます。Pythonのライブラリを使ったことのある人ならイメージできると思いますが、ライブラリのインストールはとても簡単で、インストールが終われば、面倒な設定なしですぐに開発に取りかかれます。

●Flaskの特徴

Flaskには、以下の特徴があります。

・マイクロフレームワークなので動作が軽い

Webアプリ開発に必要最低限の機能だけを搭載しているので、「Django」のようなフルスペックのWebアプリフレームワークに比べて動作が軽いです。後述のとおりFlaskには様々な拡張機能が用意されており、拡張機能を搭載すればするほど処理速度は低下していきます。しかしながら、どの拡張機能を搭載するかは開発者自身が決められるので、不要な機能を搭載する必要はなく、結果的に軽量で動作の軽いWebアプリを開発できるのです。

・マイクロフレームワークなのでプログラムがシンプル

極端な例ですが、1つのモジュール(Pythonのソースファイル)に数行のコードを書くだけでWeb上で実行することが可能です。

・拡張性が高い

Flaskに搭載されているのはWebアプリの基盤となる機能のみですが、様々な拡張機能が用意されており、追加でのインストールによって機能を充実させることができます。例えば、データベースを操作するための拡張機能や、ユーザー認証のための拡張機能などが用意されています。

Flaskの使い方を知っておこう

Webアプリの構造を説明する「MTV」という概念があります。よく知られているMVC（Model/View/Controller）という概念と、考え方としてはほぼ同じものです。

MTVはModel（モデル）、Template（テンプレート）、View（ビュー）を表します。

▼MTVとMVC

MTV	MVC	説明
モデル	モデル	データベース連携
テンプレート	ビュー	HTMLドキュメント
ビュー	コントローラー	応答データの生成

MTVのテンプレート

MTVの「テンプレート」とは、HTMLドキュメントのことです。MVCのビューに相当します。

MTVのビュー

MTVのビューとは、テンプレート（HTMLドキュメント）を読み込んで、クライアントへの応答データを生成するプログラムです。静的なWebページではHTMLドキュメントをそのまま応答データとして返しますが、Webアプリの場合はデータベースからの読み込みなど、プログラムによる処理が行われることから、HTMLドキュメントを動的に（つまりプログラムによって）生成するためのビューというプログラムを用意します。MVCではコントローラーと呼ばれます。

モデル

MTVやMVCにおける「モデル」とは、データベースを処理するためのプログラムのことです。データベースへの問い合わせやデータの追加といった「データベースの処理を1つにまとめたプログラム」という意味で、モデルという呼び方をしています。

MTVを基準に、「クライアントからのリクエストにどのように対応するのか」を示したのが次の図です。

■図1.2　ルーティング、ビュー、テンプレート、モデル

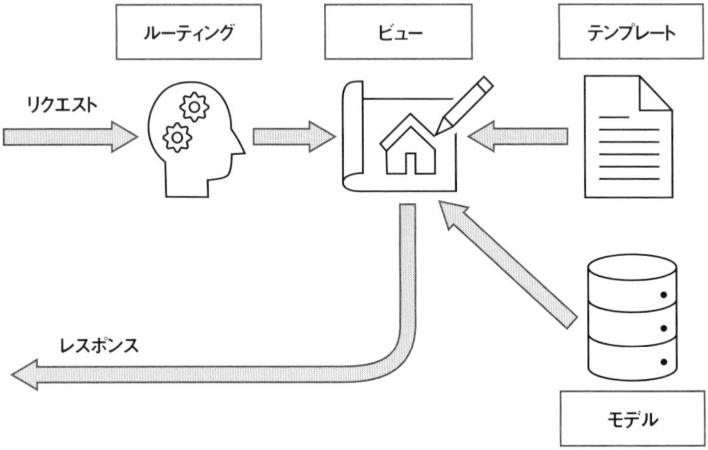

プログラムによる処理を必要としないWebページ（静的なWebページ）であれば、図のテンプレートに相当するHTMLドキュメントさえあれば事足ります。なぜ、ルーティングやビュー、モデルが必要なのか、その理由を説明します。

・ルーティング

Webページ要求のようなクライアントからのリクエストは、ルーティングの部分を経由してビューに渡されます。Webアプリではユーザー認証を行うことが多く、そうした場合には適切な処理をするためのプログラム（ビューに相当）を呼び出す必要があります。こうしたことから、「リクエスト先のURLに応じて必要なプログラム（ビュー）を呼び出す」のがルーティングの役目です。MTVにはルーティングを行う部分は含まれていませんでしたが、ルーティングは適切なビューを呼び出す働きをするので、ビューの入り口を担う部分だと考えることができます。このような位置付けなので、Flaskでは、ルーティングとビューのためのコードをまとめて記述するようになっています。

ビュー

プログラムによる処理を必要としないWebページ（静的なWebページ）であれば、ルーティングもビューも必要でなく、テンプレートさえあれば応答データをクライアントに返せます。一方、Webアプリでは、「クライアントからのリクエストに対して応答メッセージを動的に生成する」、「リクエストされたデータをデータベースから読み込んでテンプレート（HTMLドキュメント）に反映させる」といった、プログラムによる処理が必要になります。こうした処理を行うのが、ビューの役目です。

モデル

モデルは「データベースを操作するためのプログラム」のことなので、データベースを使用しないWebアプリであれば必要ありません。逆に、データベースを使用するのであれば、モデルの用意が必須です。

1.2

VSCodeのインストールとセットアップ

「Visual Studio Code」(以下「VSCode」と表記)は、Microsoft社が開発しているソースコードエディターです。Windows、macOS、Linuxに対応し、PythonやHTML、CSS、JavaScriptのプログラミングを支援する拡張機能が豊富に用意されていることから、本書ではVSCodeを使用してWebアプリの開発を行うことにします。

Windows版VSCodeのダウンロードとインストール

VSCodeのインストーラーをダウンロードしましょう。ブラウザーを起動して「https://code.visualstudio.com/」にアクセスします。ダウンロード用ボタンの▼をクリックして、**Windows x64 User Installer**の**Stable**のダウンロード用アイコンをクリックすると、VSCodeのインストーラーがダウンロードされます。

■図1.3　VSCodeのインストーラーをダウンロード

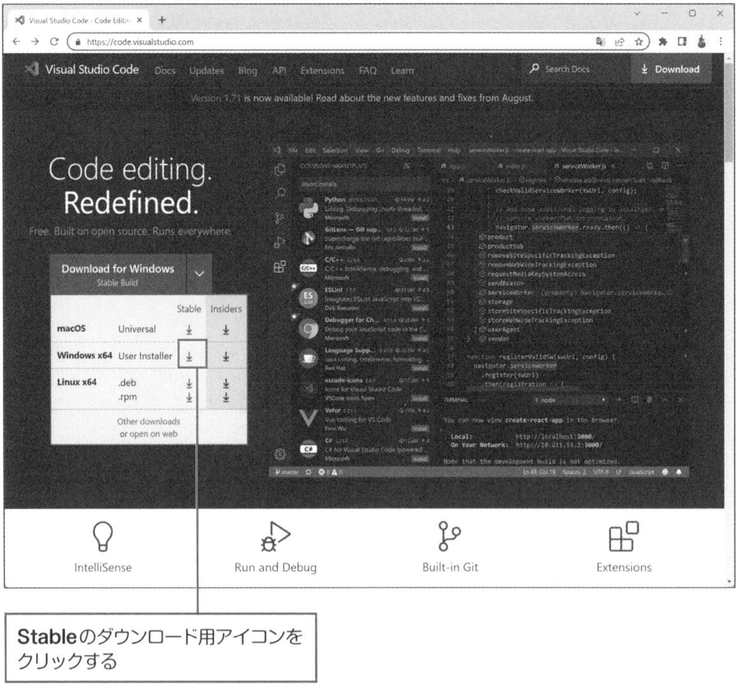

VSCodeのインストール

ダウンロードした「VSCodeUserSetup-x64-xxx.exe」(xxxはバージョン番号)をダブルクリックしてインストーラーを起動し、使用許諾契約書の内容確認のあとで**同意する**をオンにして、**次へ**ボタンをクリックします。

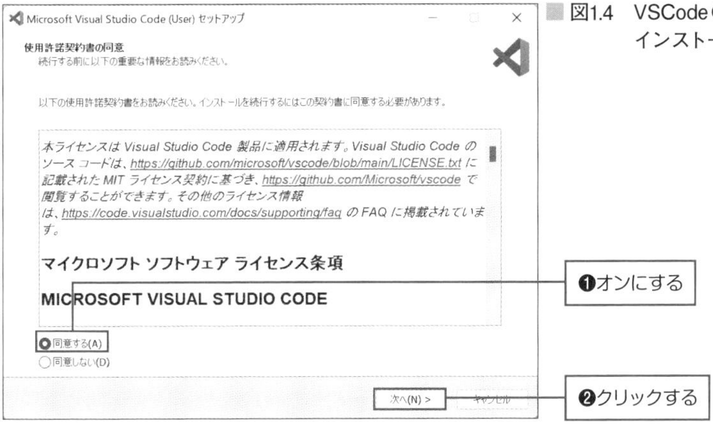

図1.4 VSCodeの インストーラー

インストール先のフォルダーが表示されるので、これでよければ**次へ**ボタンをクリックします。変更する場合は、**参照**ボタンをクリックしてインストール先を指定したうえで、次へボタンをクリックします。

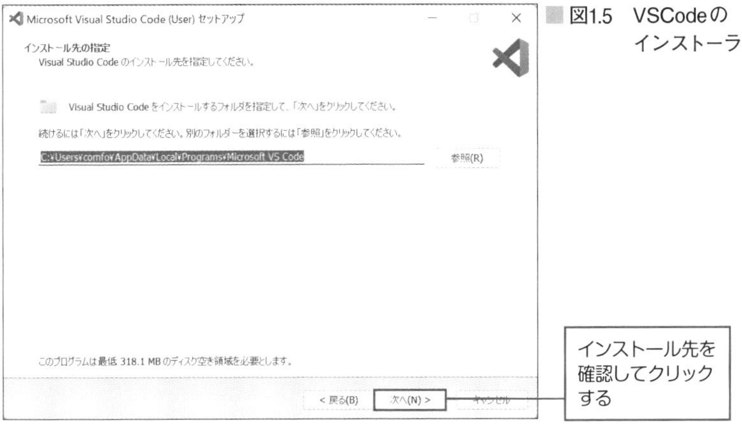

図1.5 VSCodeの インストーラー

ショートカットを保存するフォルダー名が表示されるので、このまま**次へ**ボタンをクリックします。

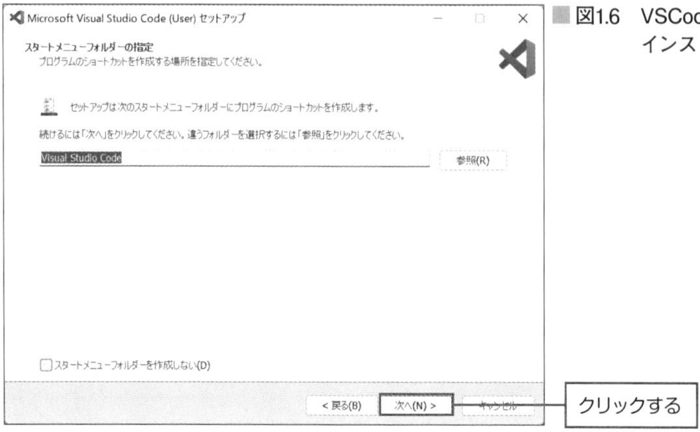

図1.6 VSCodeのインストーラー

VSCodeを実行する際のオプションを選択する画面が表示されるので、**サポートされているファイルの種類のエディターとして、Codeを登録する**ならびに**PATHへの追加（再起動後に使用可能）**がチェックされた状態のまま、必要に応じて他の項目もチェックして、**次へ**ボタンをクリックします。

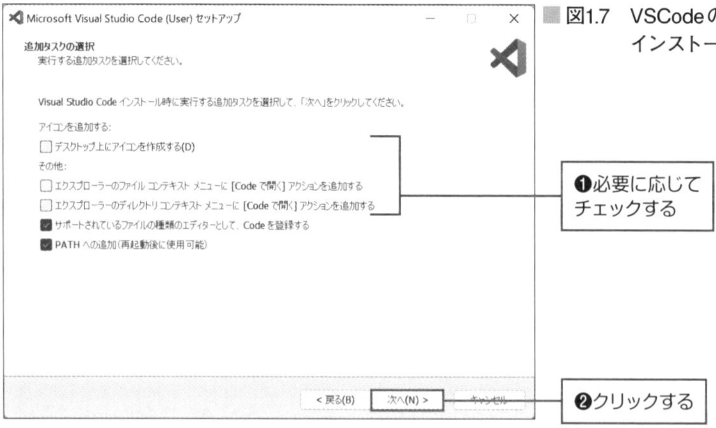

図1.7 VSCodeのインストーラー

インストールボタンをクリックして、インストールを開始します。インストールが完了したら、**完了**ボタンをクリックしてインストーラーを終了します（その際、**Visual studio Codeを実行する**にチェックが入っていれば、VSCodeが起動します）。

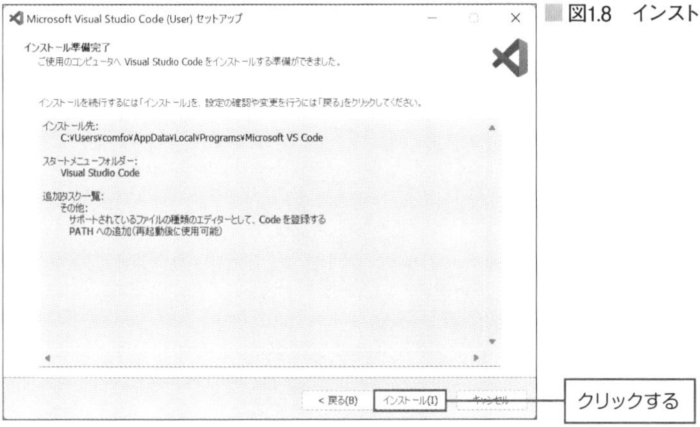

図1.8 インストールの開始

macOS版VSCodeのダウンロードとインストール

macOSの場合は、「https://code.visualstudio.com/」のページでダウンロード用ボタンの▼をクリックして、**macOS Universal**の**Stable**のダウンロード用アイコンをクリックします。

ダウンロードしたZIP形式ファイルをダブルクリックして解凍すると、アプリケーションファイル「VSCode.app」が作成されるので、これを「アプリケーション」フォルダーに移動します。以降は、「VSCode.app」をダブルクリックすれば、VSCodeが起動します。

VSCodeの日本語化

VSCodeは標準で英語表示になっているので、拡張機能の「Japanese Language Pack for VS Code」をインストールして、日本語の表示にしましょう。

VSCodeには、拡張機能をインストールするための**Extensions Marketplace**ビューがあります。VSCodeを起動し、画面左側のアクティビティバーの**Extensions**ボタンをクリックします。

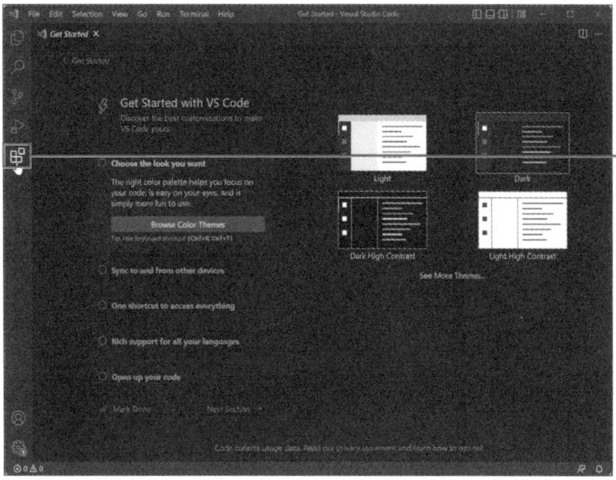

図1.9
VSCodeの
アクティビティバー

Extensions Marketplaceビューが開くので、検索欄に「Japanese」と入力します。「Japanese Language Pack for VS Code」が表示されるので**Install**ボタンをクリックします。

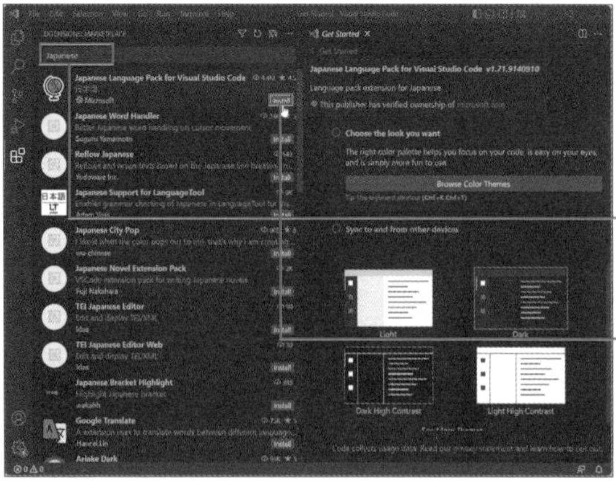

図1.10
「Japanese Language Pack for VS Code」のインストール

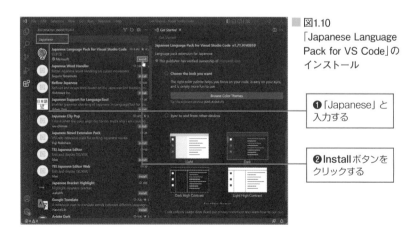

インストールが完了したら、VSCodeを再起動します。再起動後は、メニューをはじめとするすべての表示が日本語に切り替わったことが確認できます。

■図1.11　再起動後のVSCode

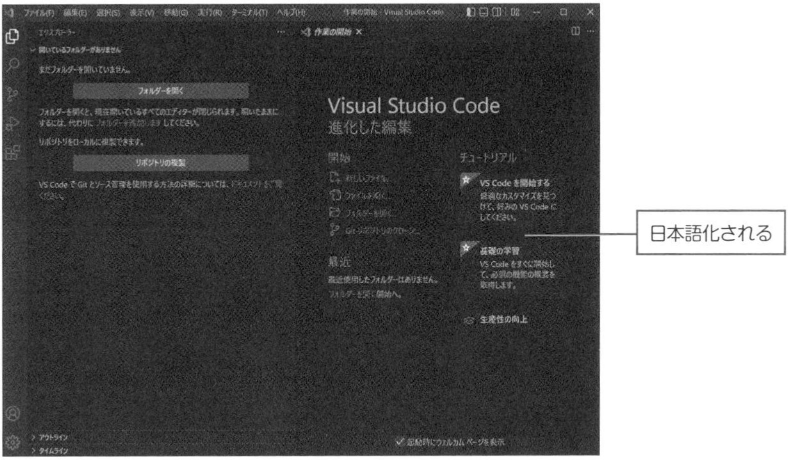

配色テーマの切り替え

VSCodeの画面は、初期状態では黒を基調とした配色になっていますが、配色テーマを設定することで、画面全体を淡い色調などに変更できます。ここでは、初期状態の**Dark+(既定のDark)**から**Light+(既定のLight)**に切り替えて、白を基調とする淡い色調に切り替えてみます。

ファイルメニューをクリックして、ユーザー設定➡テーマ➡配色テーマを選択します。

■図1.12　ファイルメニュー

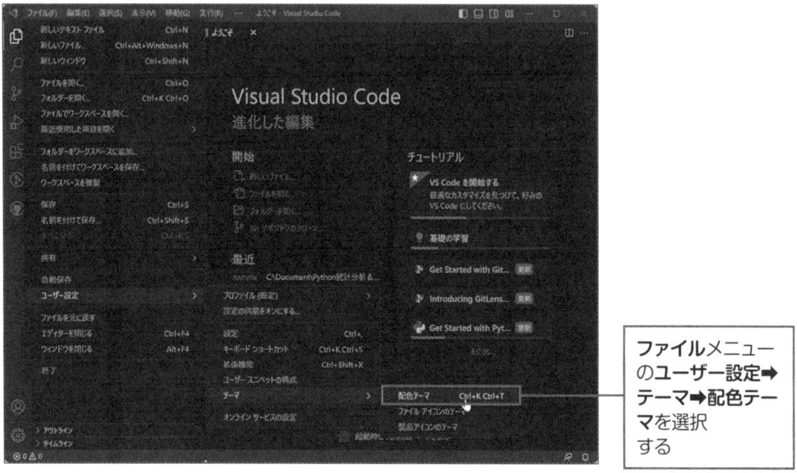

Light+(既定のLight) を選択します。

■図1.13　配色テーマの設定

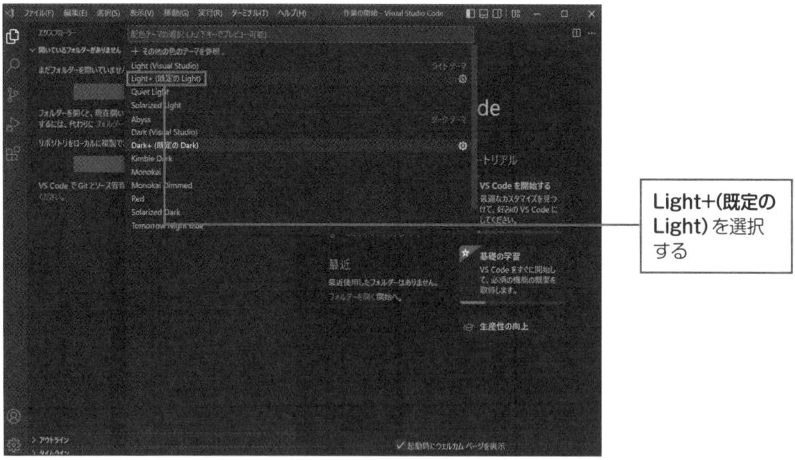

選択した配色テーマが適用されます。

図1.14 配色テーマ適用後の画面

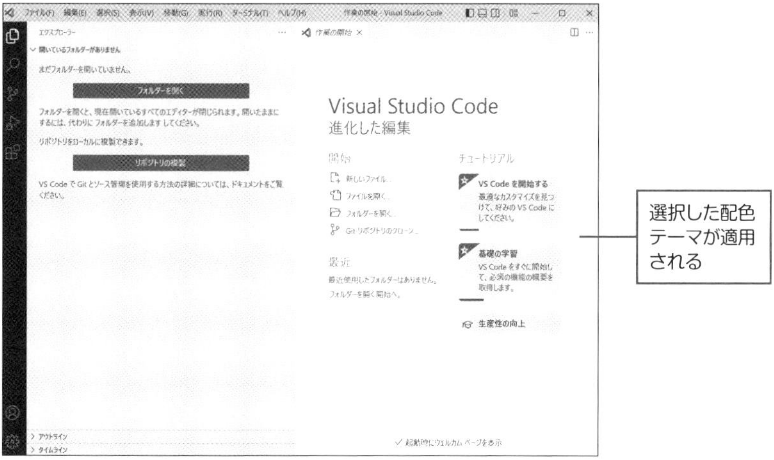

プレビューモードと編集モード　コラム

本文32ページで紹介しているVSCodeの「エディター」について、注意点を1つ。[エクスプローラー]においてファイル名をクリックした場合は、ファイルの内容の表示のみを行う「プレビューモード」でファイルが開きます。ファイルの内容（コードなど）を編集したい場合は、ファイル名をダブルクリックし、「編集モード」でファイルを開くようにしてください。

VSCodeの画面構成

VSCodeの画面は6つの領域で構成されます。上下端の横に細長い領域が**メニューバー**と**ステータスバー**です。左端で縦に細長いのが**アクティビティバー**、その右隣が**サイドバー**、そして右部コーディングを行うための**エディター**が配置されます。エディターの下には、プログラムの出力結果やターミナルが表示される**パネル**が配置されています。次は、HTMLドキュメントを開いた状態の画面です。

■図1.15　VSCodeの各領域の名称

●アクティビティバー

アクティビティバーには、「エクスプローラー」、「検索」、「ソース管理」、「実行とデバッグ」、「拡張機能」の各ビューをサイドバーに表示するためのボタンが配置されています。

▼アクティビティバーのボタン

ボタン	名称	説明
	エクスプローラー	開いているファイルの格納場所のファイル構造を表示するための**エクスプローラー**ビューを表示します。
	検索	キーワードを指定して検索や置き換えを行うための**検索**ビューを表示します。
	ソース管理	Git(ギット)と連携するための**ソース管理**ビューを表示します。
	実行とデバッグ	プログラムを実行またはデバッグするための**実行とデバッグ**ビューを表示します。
	拡張機能	拡張機能をインストールするための**拡張機能**ビューを表示します。

●エクスプローラー

アクティビティバーの**エクスプローラー**ボタンをクリックすると、サイドバーに**エクスプローラー**が表示されます。**エクスプローラー**ボタンをもう一度クリックすると、エクスプローラーが非表示になります。

■図1.16 [エクスプローラー]ボタンをクリックしたところ

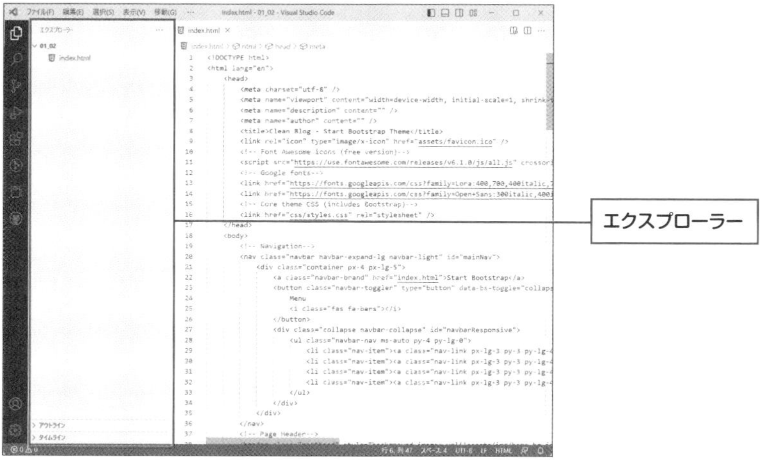

エクスプローラーには、**開いているエディター**、**フォルダー**、**アウトライン**、**タイムライン**の各ビューが表示されるようになっていて、既定で「フォルダー」が表示されるようになっています。

▼エクスプローラーに表示されるビュー

ビュー	説明
開いているエディター	エディターで開いているファイルの一覧が表示されます。
フォルダー	現在、開いているフォルダーやワークスペースの内容が階層構造で表示されます。表示されているファイルをダブルクリックしてエディターで開くことができます。
アウトライン	開いているファイルの概要が表示されます。ソースファイルを開いている場合は、関数名や変数名などが一覧で表示されます。表示されている名前をダブルクリックすると、ソースコード内の定義部に移動することができます。
タイムライン	ファイルの編集履歴が表示されます。「ファイルが保存されました」という履歴をクリックすると、保存前と保存後のファイルが表示され、どこを変更して保存したのかを確認することができます。

エディター

エディターは、ファイルを開いて編集するための画面です。**エクスプローラー**の**フォルダー**ビューで任意のファイルをダブルクリックすると、エディターが開いてファイルの内容を編集できるようになります。

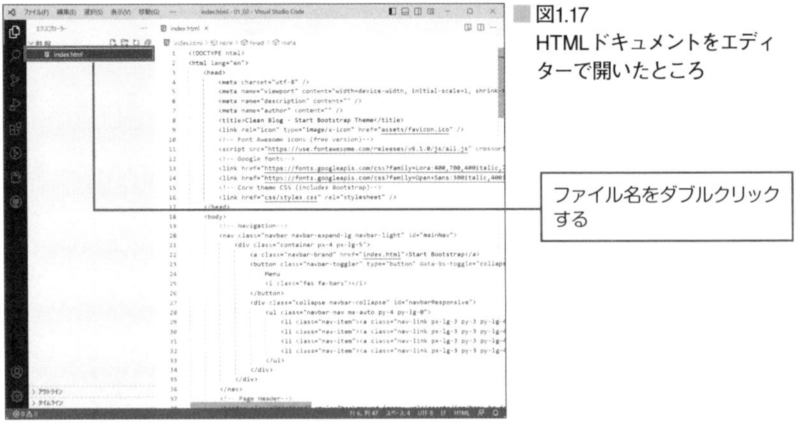
ファイル名をダブルクリックする

図1.17
HTMLドキュメントをエディターで開いたところ

1.3

Pythonのインストール

Python本体をインストールし、今後の開発に備えて仮想環境を作成します。PythonにはFlaskをはじめとする外部ライブラリが多数存在します。開発する内容に応じて外部ライブラリをインストールしますが、開発の目的や内容ごとに、必要な外部ライブラリのみをインストールした状態で作業できれば、あとあとの管理がしやすくなります。こうした理由から、「開発の目的や内容ごとに専用の仮想環境を作成し、仮想環境ごとに外部ライブラリをインストールできる仕組み」がPythonにおいて提供されています。

Pythonのダウンロードとインストール

Python本体のインストールプログラム（インストーラー）をPythonのサイトからダウンロードし、インストールを行います。

●Pythonのダウンロードとインストール（Windows）

Pythonのインストールプログラム（インストーラー）をダウンロードします。「https://www.python.org/downloads/」にアクセスして、**Download Python 3.xx.x**のボタンをクリックします

■図1.18　Pythonのダウンロードページ

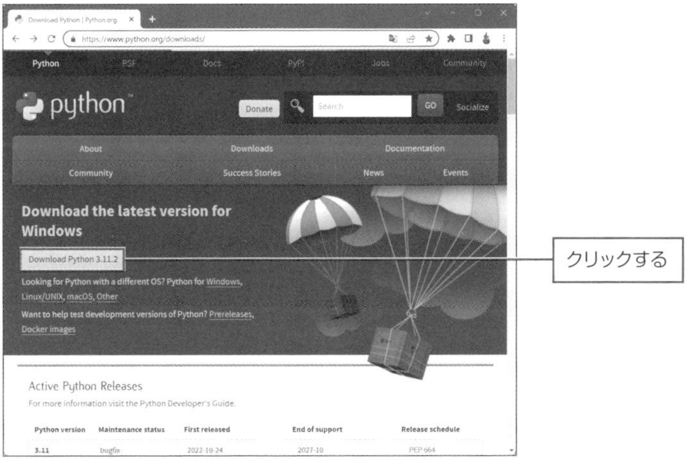

「python-3.xx.x-amd64.exe」がダウンロードされるので、ダブルクリックして起動します。**Add python.exe to PATH**にチェックを入れ、**Install Now**をクリックします。

■図1.19　インストールの開始

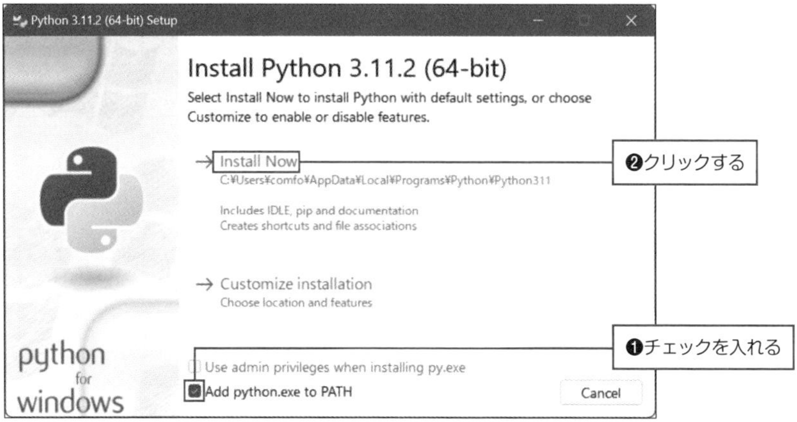

インストールが完了したら、**Close**ボタンをクリックしてインストーラーを終了します。

Add python.exe to PATH　ワンポイント

Add python.exe to PATHにチェックを入れておくと、Windowsの環境変数にPythonの実行ファイルへのパスが登録されます。パスを登録しておくと、ターミナル（Windows PowerShellなど）を使用してPythonを実行する場合に、インストールフォルダーへのパスを省略できるようになります。

図1.20　インストールの完了

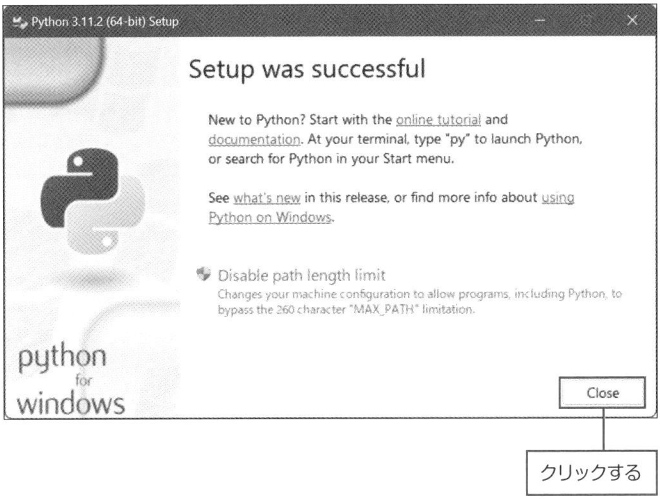

Pythonのダウンロードとインストール（macOS）

macOS用のpkgファイルをダウンロードします。ダウンロードしたファイルをダブルクリックするとインストーラーが起動するので、画面の指示に従ってインストールを行ってください。

1.4

Python&Flaskで開発するための環境を用意する

Webアプリをはじめとするアプリを開発する際は、専用のディレクトリ（プロジェクトフォルダー）を作成し、開発するアプリ（プロジェクト）ごとにフォルダーを用意して必要なファイルを格納するのが一般的です。
ここでは、すべてのプロジェクトフォルダーを格納するフォルダーを作成し、PythonとFlaskを使って開発するための環境を用意する手順について紹介します。

プロジェクトフォルダーを用意して仮想環境を作成する

Pythonでは、「仮想環境」という仕組みを使って、開発するアプリごとにPythonの実行環境を分けることができるようになっています。次は、プロジェクトフォルダーを格納するための「flaskproject」を任意の場所に作成し、開発するアプリごとに専用のプロジェクトフォルダーを用意する例です。

■図1.21 「flaskproject」を作成し、開発するアプリごとにプロジェクトフォルダーを用意

```
flaskproject
├── app1_project
└── app2_project
```

プロジェクトフォルダー直下にアプリごとのプロジェクトフォルダーを配置します。同じ場所（「flaskproject」直下）に仮想環境を作成します。

● 仮想環境の作成と有効化（Windows）

PowerShellを起動して、次の操作を行います。

❶PowerShellにスクリプトの実行を許可するコマンドを実行
❷プロジェクトフォルダーを格納する「flaskproject」を作成
❸「flaskproject」に移動して仮想環境を作成
❹仮想環境をアクティブ（有効）にする

■図1.22　PowerShellにおける操作

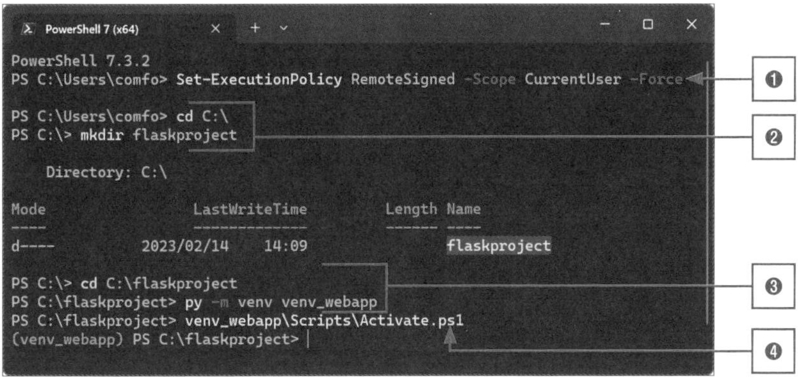

❶PowerShellにスクリプトの実行を許可するコマンドを実行

仮想環境を作成する前に、PowerShellにスクリプトの実行を許可しておきます。なお、このコマンドはPowerShellに対するものなので、1回実行しておくだけで済みます。あとあと実行する必要はありません。

▼スクリプトの実行を許可する

```
PS C:\Users\comfo> Set-ExecutionPolicy RemoteSigned -Scope CurrentUser -Force
```

❷プロジェクトフォルダーを格納する「flaskproject」を作成

プロジェクトフォルダーを格納するためのフォルダーを任意の場所に作成します。ここではCドライブ直下に「flaskproject」フォルダーを作成します。バックスラッシュの記号「\」は、キーボードの¥を(変換なしの状態で)押して入力してください。

▼Cドライブ直下に「flaskproject」フォルダーを作成

```
PS C: \Users\comfo> cd C:\
PS C: \> mkdir flaskproject
```

「flaskproject」フォルダーを作成する

カレントディレクトリ(現在のディレクトリ)をCドライブ直下に移動する

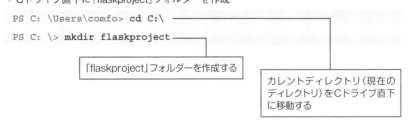

❸「flaskproject」に移動して仮想環境を作成

PowerShellのカレントディレクトリ（現在のディレクトリ）を「flaskproject」に移動し、仮想環境用ツールvenvで「venv_webapp」という名前の仮想環境を作成します。Windowsでは、Pythonのランチャー「py.exe」がインストールされているので、これを使ってvenvを実行し、任意の名前の仮想環境を作成します。

▼「flaskproject」以下に仮想環境「venv_webapp」を作成

```
PS C:\> cd C:\flaskproject
PS C:\flaskproject> py -m venv venv_webapp
```

仮想環境「venv_webapp」を作成する

カレントディレクトリを「flaskproject」に移動する

コマンド実行後、プロジェクトフォルダー以下に仮想環境のフォルダー「venv_webapp」が作成され、Pythonに必要なファイル一式が格納されます。

■図1.23　「flaskproject」フォルダー以下に仮想環境「venv_webapp」を作成

❹仮想環境をアクティブ（有効）にする

現在、PowerShellはPythonのデフォルトの環境を参照しているので、参照先を作成した仮想環境に切り替えます。仮想環境のディレクトリ以下のScripts\Activate.ps1を実行します。

▼「flaskproject」以下に作成された仮想環境（venv_webapp）からScripts/Activate.ps1を実行する

```
PS C:\flaskproject> venv_webapp\Scripts\Activate.ps1
```

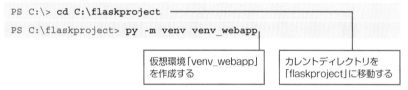

▼実行後

```
(venv_webapp) PS C:\flaskproject>
```

プロンプトに、仮想環境(venv_webapp)に切り替わったことが示されています。このように、仮想環境への切り替えを行う際は、その都度、仮想環境以下のScripts/Activate.ps1を実行してください。

切り替えた状態で外部ライブラリのインストールを行うと、仮想環境のディレクトリ以下に対してインストールが行われます。

●仮想環境の作成と有効化(macOS)

次の例では、ターミナルのカレントディレクトリ以下に、プロジェクトフォルダーを格納するための「flaskproject」を作成し、Python3のバージョンからvenvを実行して仮想環境を作成しています。

▼Python 3を指定して仮想環境「webapp」を作成する

```
$ mkdir flaskproject
$ cd flaskproject
$ python3 -m venv venv_webapp
$ source venv_webapp /bin/activate
```

作成した仮想環境を有効にするには、

```
source 仮想環境名 /bin/activate
```

のように入力します。実行後、プロンプトの先頭に(venv_webapp)が表示され、仮想環境が有効になっていることが示されます。

Flaskのインストール

Flaskは、Pythonのパッケージ管理ツール「pip」を使ってインストールします。ここでは、VSCodeのターミナルを使ってインストールする方法、およびOSのターミナルでインストールする方法のそれぞれを紹介します。

●VSCodeのターミナルでインストールする

VSCodeを起動し、**ファイル**メニューの**フォルダーを開く**を選択し、「flaskproject」フォルダーを開きます。なお、初めて開くフォルダーについては「このフォルダー内のファイルの作成者を信頼しますか?」という確認のメッセージが表示されるので、「親フォルダー'xxxx'内のすべてのファイルの作成者を信頼します」にチェックを入れて「はい、作成者を信頼します」をクリックします。

「flaskproject」フォルダーを開くと、**エクスプローラー**に次のように表示されます。

図1.24　VSCodeの[エクスプローラー]

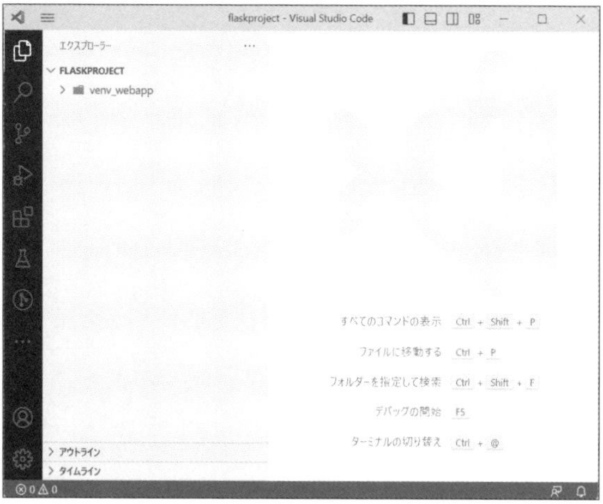

「FLASKPROJECT」がプロジェクトのフォルダーで、大文字表記になっています。内部には仮想環境「venv_webapp」のフォルダーが配置されています。

ターミナルメニューをクリックして**新しいターミナル**を選択します。

図1.25 ［ターミナル］メニュー

ターミナルが開きます。カレントディレクトリがプロジェクトのフォルダーになっていることが確認できます。

図1.26 起動直後の［ターミナル］

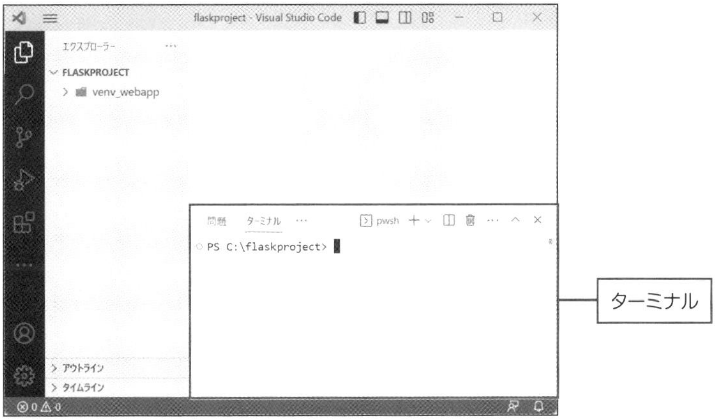

この状態で、

```
venv_webapp\Scripts\Activate.ps1 (Windows)
source venv_webapp /bin/activate (macOS)
```

と入力して、仮想環境をアクティブにします。

■図1.27　仮想環境をアクティブにする

コマンド実行後、プロンプトの先頭に仮想環境名(venv_webapp)が表示されていることが確認できます。次のようにpipを実行して、Flaskをインストールします。

```
pip install flask
```

■図1.28　Flaskのインストール

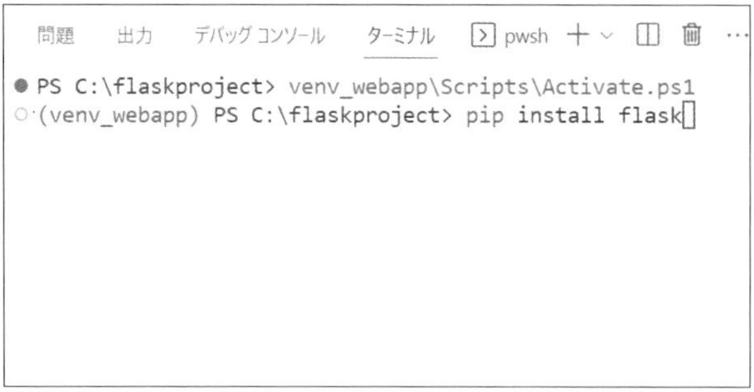

インストール完了後、**エクスプローラー**で仮想環境以下の「Lib」➡「site-packages」を開くと、Flaskの関連ファイルがインストールされていることが確認できます。

図1.29　仮想環境以下の「Lib」➡「site-packages」を開いたところ

OSのターミナルでFlaskをインストールする

PowerShellを起動し、

仮想環境のフォルダーパス\Scripts\Activate.ps1

のように入力して、仮想環境をアクティブにします。

図1.30　仮想環境のアクティブ化

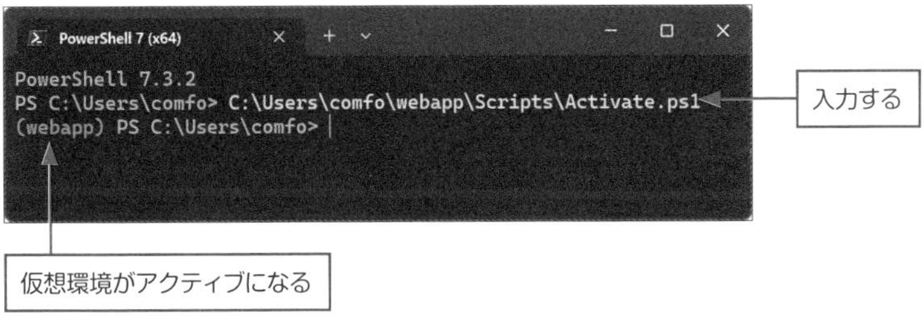

続いて、

```
pip install flask
```

と入力してFlaskをインストールします。

■図1.31　Flaskのインストール

macOSの場合は、

```
source 仮想環境名 /bin/activate
```

のように入力して仮想環境をアクティブにします。そして、

```
pip install flask
```

と入力してFlaskをインストールします。

拡張機能「Python」のインストール

拡張機能「Python」は、Microsoft社が提供しているPython用の拡張機能です。VSCodeにインストールすることで、インテリセンスによる入力候補の表示が有効になるほか、デバッグ機能など開発に必要な機能が使えるようになります。

VSCodeを起動し、アクティビティバーの**拡張機能**ボタンをクリックして**拡張機能**ビューを表示しましょう。検索欄に「Python」と入力すると候補の一覧が表示されるので、この中から「Python」を選択し、**インストール**ボタンをクリックします。

図1.32　拡張機能Pythonのインストール

拡張機能Pythonをインストールすると、関連する以下の拡張機能も一緒にインストールされます。

- **Pylance**

Python専用のインテリセンスによる入力補完をはじめ、次の機能を提供します。

・関数やクラスに対する説明文(Docstring)の表示
・パラメーターの提案
・インテリセンスによる入力補完、IntelliCodeとの互換性の確保
・自動インポート(不足しているライブラリのインポート)
・ソースコードのエラーチェック
・コードナビゲーション
・Jupyter Notebookとの連携

- **isort**

import文を記述した際に、インポートするライブラリを

・標準ライブラリ
・サードパーティー製ライブラリ
・ユーザー開発のライブラリ

の順に並べ替え、さらに各セクションごとにアルファベット順で並べ替えます。

- **Jupyter**

Jupyter NotebookをVSCodeで利用するための拡張機能です。関連する「Jupyter Cell Tags」、「Jupyter Keymap」、「Jupyter Slide Show」もインストールされます。

1.5

VSCodeの便利な拡張機能をインストールする

VSCodeには、プログラミングを支援するための各種の拡張機能が用意されています。ここでは、Webアプリの開発においてインストールしておくと便利な拡張機能のインストール方法を紹介します。

VSCode本体の拡張機能

VSCodeの**エディター**と**エクスプローラー**を便利に使う拡張機能をインストールします。

●indent-rainbow

「indent-rainbow」をインストールすると、インデントがその深さに応じて色分けされます。HTMLドキュメントはもちろん、インデントが重要な意味を持つPythonで重宝することは間違いないでしょう。次の画面はカラーではないのでわかりにくいですが、HTMLドキュメントにおいてインデントが色分けされている様子です。

■図1.33　indent-rainbowによるインデントの表示

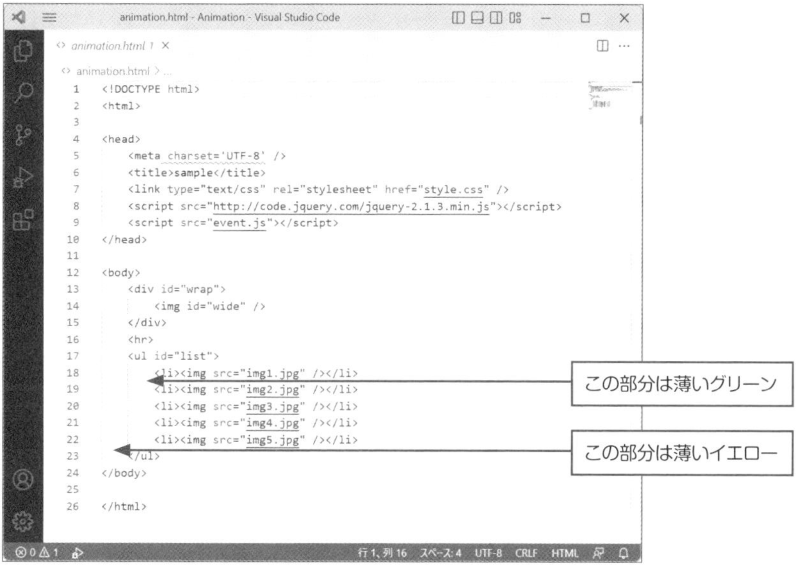

- **indent-rainbowのインストール**

アクティビティバーの**拡張機能**ボタンをクリックし、**拡張機能**ビューの検索欄に「indent-rainbow」と入力します。候補の一覧に表示されている「indent-rainbow」の**インストール**ボタンをクリックします。

■図1.34　indent-rainbowのインストール

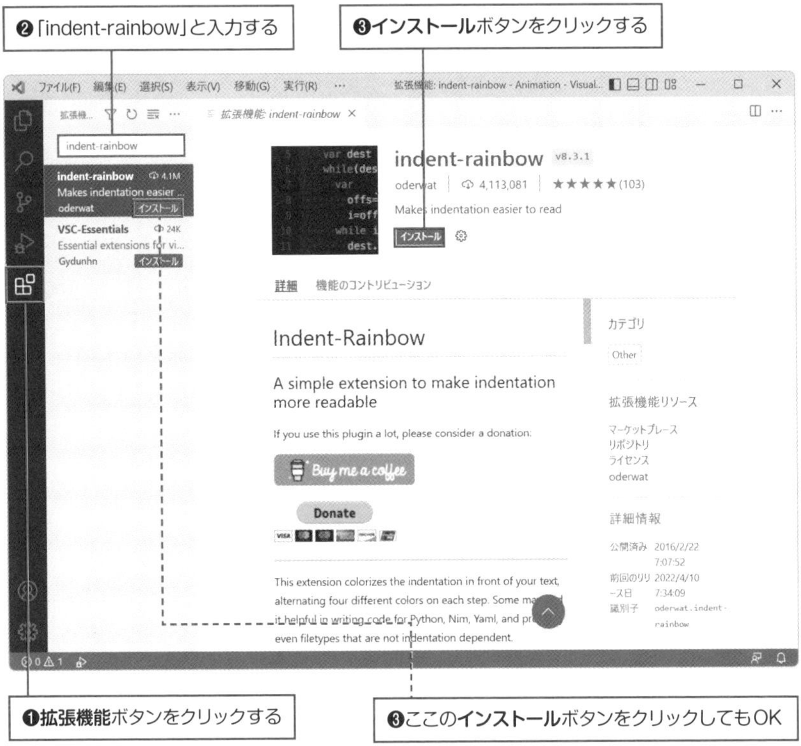

vscode-icons

「vscode-icons」は、**エクスプローラー**や**エディター**に表示されるアイコンを、ファイルの内容に応じてわかりやすいデザインで表示します。

図1.35　vscode-iconsのインストール後の画面

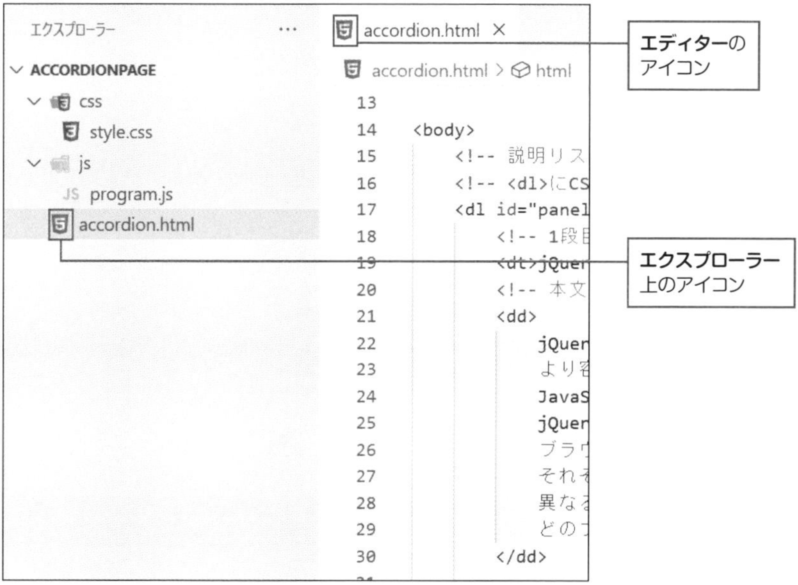

vscode-iconsのインストール

アクティビティバーの**拡張機能**ボタンをクリックし、**拡張機能**ビューの検索欄に「vscode-icons」と入力します。候補の一覧に表示されている「vscode-icons」の**インストール**ボタンをクリックします。

図1.36　vscode-iconsのインストール

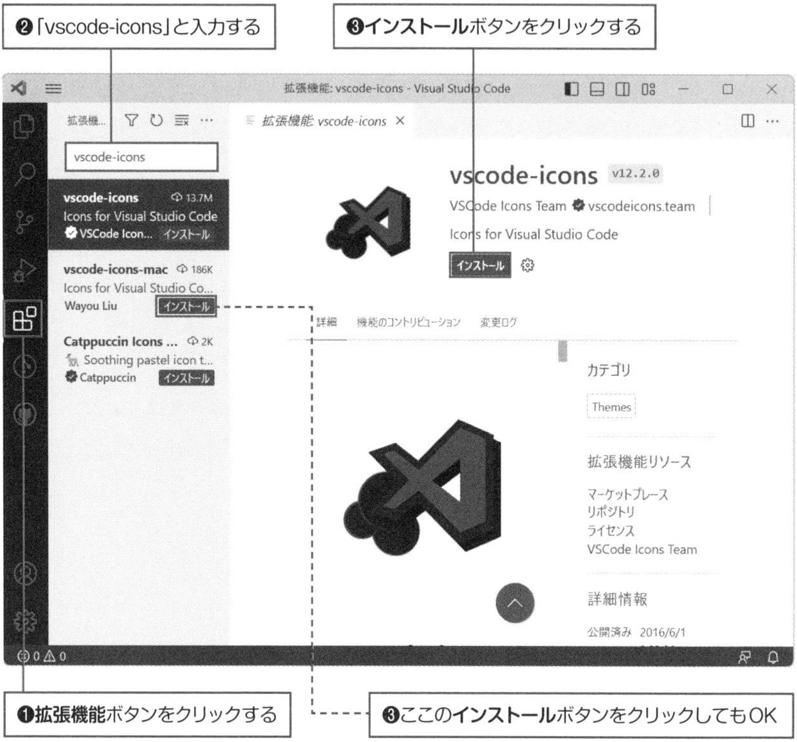

HTMLドキュメントをプレビューするための拡張機能

拡張機能の「Live Preview」は、VSCode上でHTMLドキュメントのプレビューを表示します。簡易的なWebサーバーでHTMLドキュメントの内容を表示するので、ブラウザーを起動しなくても編集状況をリアルタイムで確認できて便利です。

■図1.37 「Live Preview」によるプレビュー

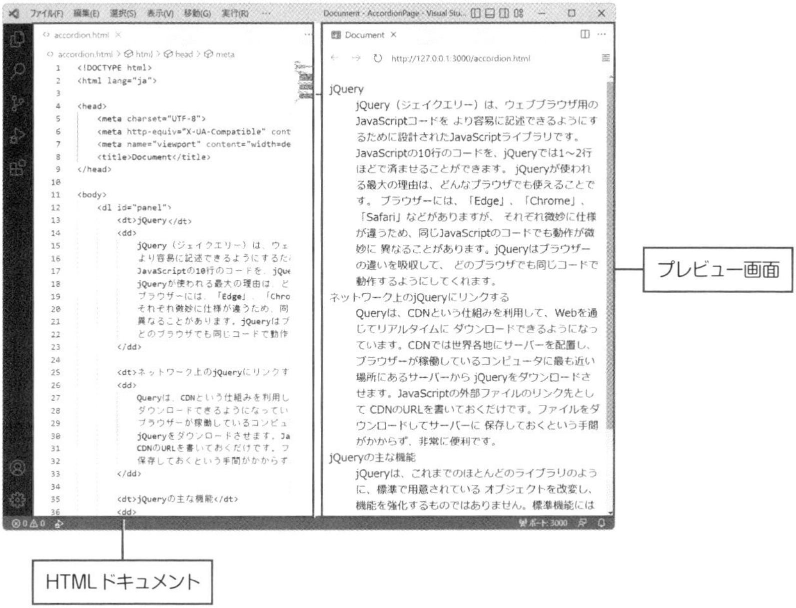

Live Previewのインストール

アクティビティバーの**拡張機能**ボタンをクリックし、**拡張機能**ビューの検索欄に「Live Preview」と入力します。候補の一覧に表示された「Live Preview」の**インストール**ボタンをクリックします。

■図1.38　Live Previewのインストール

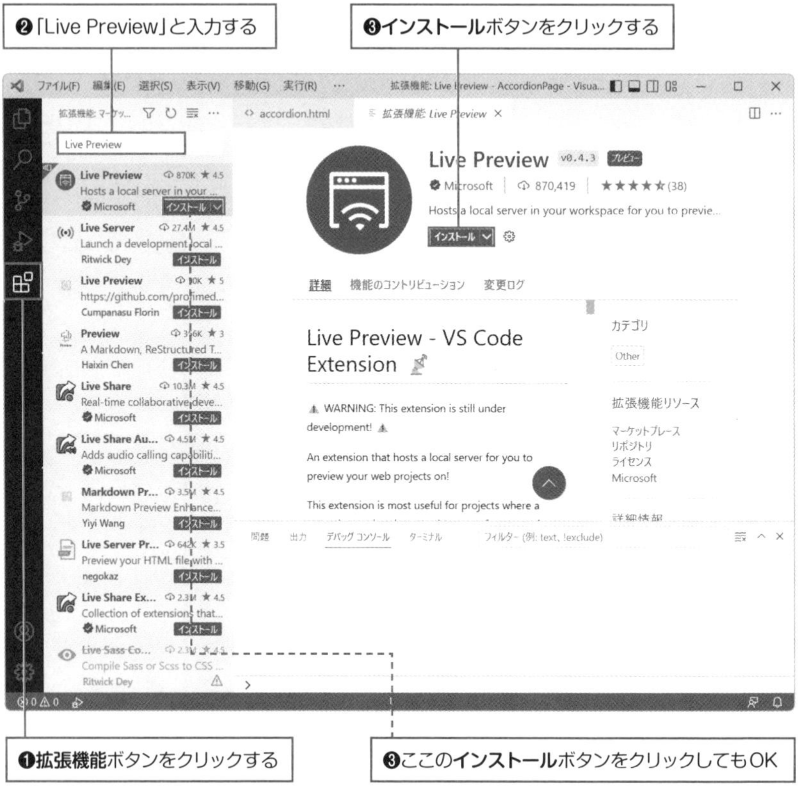

1.6

Pythonプログラミングのポイント

Flaskを使うときに知っておきたい、Pythonプログラミングのテクニックをピックアップしました。

「シーケンス」というデータ

シーケンスとは、データが順番に並んでいて、並んでいる順番で処理が行えることを指します。対義語は**ランダム**です。Pythonのデータ型の文字列(str型)は、1つひとつの文字が順番に並ぶことで意味を成すのでシーケンスです。このようなstr型オブジェクトとは別に、Pythonにはシーケンスを表すデータ型として、**リスト**と**タプル**があります。リスト型のオブジェクトもタプル型のオブジェクトも、1つのオブジェクトに複数のオブジェクトを格納できるので、Flaskでも多くのリストやタプルが使われています。

リストを作る

リストを作るには、ブラケット[ ]で囲んだ内部に、データをカンマ(,)で区切って書いていきます。そうすればリストに名前(変数名)を付けて管理できるようになります。

▼リストを作る

```
変数名 = [要素1, 要素2, 要素3, ... ]
```

▼すべての要素がint型のリスト

```
number = [1, 2, 3, 4, 5]
```

▼すべての要素がstr型のリスト

```
greets = ['Flask', 'Web', 'インターネット']
```

▼str型、int型、float型が混在したリスト

```
data = ['身長', 160, '体重', 40.5]
```

リストの中身を**要素**と呼びます。要素のデータ型は何でもよく、異なるデータ型を混在させても構いません。要素はカンマ(,)で区切って書きますが、最後の要素のあとにカンマを付けるかどうかは任意です。また、カンマの後ろにスペースを入れていますが、これはコードを読みやすくするためであり、入れなくても支障はありません。

●空のリストを作る

リストの中身が最初から決まっていればよいのですが、プログラムを実行してみないことにはわからない、という場合もあります。そんなときは、とりあえず要素が何もない「空のリスト」を用意することになります。

▼空のリストをブラケットで作る

```
変数名 = [ ]
```

▼空のリストをlist()関数で作る

```
変数名 = list()
```

中身が空ですので、プログラムの実行中に要素を追加することになります。その際はappend()メソッドを使います。

▼append()メソッドで要素を追加する

```
sweets = []
sweets.append('ティラミス')        # 要素を追加
print(sweets)                      # 出力：['ティラミス']
sweets.append('チョコエクレア')    # 要素を追加
print(sweets)                      # 出力：['ティラミス', 'チョコエクレア']
```

1つ注意点ですが、append()は要素を1つずつしか追加できません。複数の要素を追加したいときは、forやwhileを使ってappend()を繰り返し実行します。

リストのインデックシング

リストの要素の並びは、追加した順番のまま維持されます。そのため、文字列と同様に、ブラケット演算子でインデックスを指定して特定の要素を取り出すことができます。これを**インデックシング**と呼びます。インデックスは0から始まるので、1番目の要素のインデックスは0、2番目の要素は1、…と続きます。

▼リスト要素のインデックシング

```
変数名 = [ インデックス ]
```

▼インデックシング

```
sweets = ['ティラミス', 'チョコエクレア', 'クレームブリュレ']
print(sweets[0])    # 出力:ティラミス
print(sweets[1])    # 出力:チョコエクレア
print(sweets[2])    # 出力:クレームブリュレ
```

イテレーション

リストの処理で最も多いパターンは、すべての要素に対して順番に何らかの処理をすること(イテレーション)です。Pythonのforは、「イテレート可能なオブジェクト」を基準にして繰り返し処理を行います。

▼forの構文

```
for 変数 in イテレート可能なオブジェクト:
    処理...
```

リストをイテレートしてみましょう。

▼リストをイテレートしてみる

```
for count in [0, 1, 2, 3, 4]:
    print(count)
```

▼実行結果

```
0
1
2
3
4
```

「変更不可」のデータを一括管理する(タプル)

一度セットした要素を書き換えられない(イミュータブルな)リストがあります。これを**タプル**と呼びます。

要素の値を変更できないタプル

タプルは、リストと同じように複数の要素を持てるイテレーション可能なオブジェクトです。リストと唯一違うのは、「一度セットした値を変更できない」ことです。

▼タプルの要素を処理する

```
tuple = ('設定1', '設定2', '設定3', '設定4')
for t in tuple:
        print(t)
```

▼実行結果

```
設定1
設定2
設定3
設定4
```

実行結果はリストのときと同じですが、タプルの要素を書き換えることはできません。

▼タプルの特徴

・要素が書き換えられることがないので、パフォーマンスの点でリストより有利
・要素の値を誤って書き換える危険がない
・関数やメソッドの引数はタプルとして渡されている
・辞書（このあとで紹介）のキーとして使える

タプルの作り方と使い方

タプルは、()の中に各要素をカンマで区切って書くことで作成します。なお、()は省略可能です。

▼タプルを作成する2つの方法

```
変数名 = (要素1, 要素2, ...)
変数名 = 要素1, 要素2, ...
```

キーと値のペアでデータを管理する辞書（dict）

辞書（dict）は、キー（名前）と値のペアを要素として管理できるデータ型です。Flaskでは辞書がよく使われているので、チェックしておきましょう。

リストやタプルではインデックスを使って要素を参照するのに対し、辞書ではキーを使って要素を参照します。リストやタプルでは要素の並び順が決まっていますが、辞書の要素の並び順は保証されません。要素を参照する唯一の手段は、要素に付けた名前（キー）です。

▼辞書の作成

```
変数名 = {キー1 : 値1, キー2 : 値2, ...}
```

「キー : 値」が辞書の1つの要素になります。キーに使うのは、文字列でも数値でも何でも構いません。「'今日の昼ごはん' : 'うどん'」を要素にすると、'今日の昼ごはん'で'うどん'を検索する、といったまさに辞書的な使い方ができます。

なお、辞書の要素は書き換え可能（ミュータブル）ですが、キーだけの変更はできません（キーはイミュータブルであるため）。値に対応するキーを変更したいときは、要素（キー:値）ごと削除して、新しい要素を追加することになります。

辞書の作成

辞書を作成してみましょう。

▼辞書を作成する

```
menu = {'朝食' : 'シリアル',
        '昼食' : '牛丼',
        '夕食' : 'トマトのパスタ' }
print(menu) # 出力:{'朝食': 'シリアル', '昼食': '牛丼', '夕食': 'トマトのパスタ'}
```

辞書にはリストと違って「順序」という概念がありません。この例ではたまたま作成したときと同じ順序で出力されていますが、「どのキーとどの値のペアか」という情報だけが保持されているので、いつもこのようになるとは限りません。

要素の参照

辞書に登録した要素を参照するには、リストと同じようにブラケット[]を使います。

▼辞書の要素を参照する

```
辞書[登録済みのキー]
```

▼辞書menuの要素を参照

```
print(menu['朝食'])  # シリアル
```

要素の追加と変更

上で作成した辞書に新しい要素を追加してみましょう。

▼辞書に要素を追加する

```
辞書[キー] = 値
```

▼要素を追加する

```
menu['おやつ'] = 'ドーナッツ'
print(menu)
```

▼出力

```
{'昼食': '牛丼', '朝食': 'シリアル', 'おやつ': 'ドーナッツ', '夕食': 'トマトのパスタ'}
```

辞書の要素の順番は固定されないので、プログラムを実行するタイミングによって並び順はバラバラです。しかし、キーを指定すれば値を参照できるので、並び順は重要ではないのです。キーを指定して登録済みの値を変更してみましょう。

▼辞書の要素の値を変更する

```
辞書[登録済みのキー] = 値
```

▼登録済みの値を変更する

```
menu['おやつ'] = 'いちご大福'
print(menu)
```

▼出力

```
{'昼食': '牛丼', '朝食': 'シリアル', 'おやつ': 'いちご大福', '夕食': 'トマトのパスタ'}
```

要素の削除

辞書の要素を削除する場合は、del演算子を使います。

▼指定した要素を削除する

```
del menu['おやつ']
print(menu)
```

▼出力

```
{'昼食': '牛丼', '朝食': 'シリアル', '夕食': 'トマトのパスタ'}
```

イテレーションアクセス

辞書の要素は、forを使ってイテレート(反復処理)できます。辞書そのものをforでイテレートすると、要素のキーのみが取り出されます。

▼辞書のキーをイテレートする

```
for キーを代入する変数 in 辞書:
    繰り返す処理...
```

▼キーをイテレートして列挙する

```
setting= {
            '設定1' : 'メール送信',
            '設定2' : 'リクエスト',
            '設定3' : 'レスポンス'
        }
for key in setting:
    print(key)
```

▼出力

```
設定1
設定2
設定3
```

辞書の値を取得する

辞書の値は、values()メソッドでまとめて取得できます。

▼辞書の値をイテレートする

```
for 値を代入する変数 in 辞書.values():
```

▼辞書のすべての値をリストとして取得する

```
val = setting.values()
print(val)   # 出力:dict_values(['メール送信', 'リクエスト', 'レスポンス'])
```

辞書の要素をまるごと取得する

items()メソッドは、キーと値のペアを1つのオブジェクト（タプル）とし、これをリストの要素にして返します。

▼辞書の要素をすべて取得

```
itm = setting.items()
print(itm)
```

▼出力

```
dict_items([('設定1', 'メール送信'), ('設定2', 'リクエスト'), ('設定3', '
レスポンス')])
```

辞書の要素であることを示すために「dict_items(…)」という形で出力されていますが、メソッドから返されるのはタプルのリストです。forでイテレートすることで、タプルからキーと値を別々に取り出していろいろな処理が行えます。

▼辞書のキーと値をイテレートする

```
for キーを代入する変数, 値を代入する変数 in 辞書.items():
    処理...
```

▼辞書のキーと値をイテレートする

```
for key, value in setting.items():
    print('「{}」は{}です。'.format(key, value))
```

▼出力

```
「設定1」はメール送信です。
「設定2」はリクエストです。
「設定3」はレスポンスです。
```

関数

ある目的のための処理を行うコードを、**関数**としてまとめることができます。関数に似た仕組みとしてメソッドもありますが、構造自体はどちらも同じで、書き方のルールもほぼ同じです。

関数が「モジュール(ソースファイル)に直接書かれている」のに対し、メソッドは「クラスの内部で定義されている」という違いがあります。

処理だけを行う関数

関数を作ることを**関数の定義**と呼びます。

▼関数の定義(処理だけを行うタイプ)

```
def 関数名():
[インデント]処理...
```

関数名の先頭は英字か_でなければならず、英字、数字、_以外の文字は使えません。同じモジュールで定義された関数は、「関数名()」と書いて呼び出すことができます。他のモジュールで定義された関数の場合は、

```
import モジュールの名前空間名
```

のように、あらかじめモジュールをインポート(読み込み)しておき、

```
モジュール名.関数名()
```

のように書いて実行します。

▼文字列を出力する関数

```
def hello():                    # hello()関数の定義
    print('こんにちは')

hello()                         # helloを呼び出す
```

▼出力

```
こんにちは
```


引数を受け取る関数

print()は、カッコの中に書かれている文字列を画面に出力します。カッコの中に書いて関数に渡す値が**引数**です。関数側では、引数として渡されたデータを、**パラメーター**を使って受け取ります。

▼関数の定義（引数を受け取るタイプ）

```
def 関数名(パラメーター):
[インデント]処理...
```

パラメーターは、カンマ(,)で区切ることで必要な数だけ設定できます。関数を呼び出すときの引数は、「書いた順番」でパラメーターに渡されます。

▼引数を2つ受け取る関数

```
def show_hello(name1, name2): # 2つのパラメーターを持つ関数
    print(name1 + 'さん、こんにちは!')
    print(name2 + 'さん、こんにちは!')

show_hello('山田', '鈴木')      # 引数を2つ設定して関数を呼び出す
```

▼出力

```
山田さん、こんにちは!
鈴木さん、こんにちは!
```

処理結果を返す関数

関数の処理結果を**戻り値**として、呼び出し元に返すことができます。

▼関数の定義(処理結果を戻り値として返すタイプ)

```
def 関数名(パラメーター):
[インデント]処理...
[インデント]return 戻り値
```

関数の処理の最後の「return 戻り値」の部分で、処理した結果を呼び出し元に返します。戻り値には、関数内で使われている変数を設定するか、式を直接書いてその式が返す値を戻り値にします。

▼戻り値を返す関数

```
def return_hello(name1, name2):         # 2つのパラメーターを持つ関数
    result = name1 + 'さん、' + name2 + 'さん、こんにちは!'
    return result                       # 処理結果の文字列を戻り値として返す

show = return_hello('山田', '鈴木')     # 引数を2つ設定して関数を呼び出す
print(show)                             # 関数の戻り値を出力
```

▼出力

```
山田さん、鈴木さん、こんにちは!
```

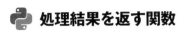

クラス

Pythonは「オブジェクト指向」のプログラミング言語なので、オブジェクトを作るための**クラス**の定義がポイントになります。Flaskでは用途別に様々な定義済みのクラスが用意されていますが、これらのクラスを利用しつつ、開発者自身で独自のクラスを定義する場面もあります。ここでは、クラスを定義する方法およびメソッドなどのクラスメンバー(クラスの要素)について見ていきます。

クラスの定義

クラスを作るには、その定義が必要です。クラスは次のように**class**キーワードを使って定義します。

▼クラスの定義

```
class クラス名:
```

インスタンスメソッド

クラスの内部には**メソッド**を定義するコードを書きます。メソッドと関数の構造は同じですが、クラスの内部で定義されているものをメソッドと呼んで区別します。

▼メソッドの定義

```
def メソッド名(self, パラメーター)
    処理...
```

メソッドの決まりとして、第1パラメーターには「オブジェクトを受け取るためのパラメーター」を用意します。メソッドはクラスをインスタンス化して生成されたオブジェクトから実行されますが、「どのオブジェクトから実行されたのか」を判別するために、オブジェクト自体を実行元から受け取ることが定められています。名前は何でもよいのですが、習慣的に「self」がよく使われます。メソッドを実行するときは「オブジェクト.メソッド()」のように書きますが、これは「オブジェクトに対してメソッドを実行する」ことを意味します。呼び出される側のメソッドは、呼び出しに使われたオブジェクトを知っておく必要があるため、パラメーターでオブジェクトを受け取る仕組みになっているのです。

▼メソッドを呼び出すと、実行元のオブジェクトの情報がselfに渡される

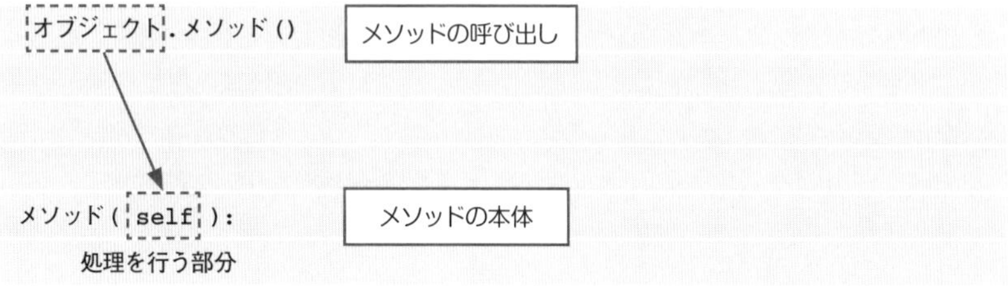

このような形でオブジェクトから呼び出すメソッドを、特に**インスタンスメソッド**と呼びます。インスタンスメソッドは、パラメーターが不要な場合であっても、オブジェクトを受け取るパラメーター(self)は必要です。これを書かないと、どのオブジェクトから呼び出されたのかわからないため、メソッドを実行することができません。

●インスタンス変数

メソッドの内部で「self.変数名」のように書いて宣言された変数のことを、**インスタンス変数**と呼びます。次のように、宣言と同時に値を代入することもできます。

▼インスタンス変数の定義

```
self.インスタンス変数名 = 値
```

selfが付いているので、クラスをインスタンス化したオブジェクトで機能します。

●クラスを定義してオブジェクトを生成する

メソッドを1つだけ持つシンプルなクラスを作ってみましょう。

▼Testクラスを定義する

```
class Test:
    def show(self, val):
        print(self, val)     # selfとvalを出力
```

クラスからオブジェクトを作ることを、**クラスのインスタンス化**と呼びます。**インスタンス**とは、オブジェクトと同じ意味を持つプログラミング用語です。

▼クラスのインスタンス化

```
変数名 = クラス名(引数)
```

クラス名(引数)と書けば、クラスがインスタンス化されてオブジェクトが生成されます。str型やint型のオブジェクトでは、このような書き方はしませんでした。intやstr、float、さらにはリスト、辞書(dict)などの基本的なデータ型の場合は、値を直接書くだけで、内部的な処理でオブジェクトが生成されるようになっています。

先ほど作成したTestクラスをインスタンス化してshow()メソッドを呼び出してみます。クラスを定義した部分の下の行に、次のように記述します。

▼Testクラスをインスタンス化してメソッドを使ってみる

```
test = Test()              # Testクラスをインスタンス化してオブジェクトの参照を代入
test.show('こんにちは') # Testオブジェクトからshow()メソッドを実行
```

▼出力

```
<__main__.Test object at 0x05560BD0> こんにちは
```

show()メソッドには、必須のselfパラメーターのほかにvalパラメーターがあります。

▼メソッド呼び出しにおける引数の受け渡し

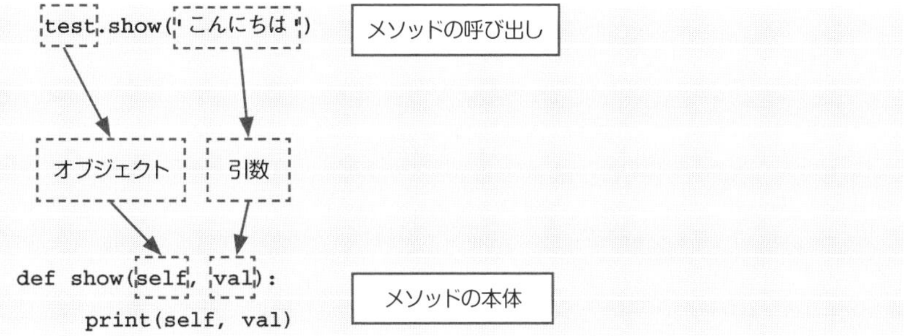

show()メソッドでは、これら2つのパラメーターの値を出力します。selfパラメーターの値として、

```
<__main__.Test object at 0x05560BD0>
```

のように出力されています。「0x05560BD0」の部分が、Testクラスのオブジェクトの参照情報(メモリアドレス)です。

●オブジェクトの初期化を行う__init__()

クラスからオブジェクトが作られた直後に、初期化のための処理が必要になることもあります。例えば、「回数を数えるカウンター変数の値を0にセットする」、「必要な情報をファイルから読み込む」などです。「初期化」を意味するinitializeを略したinitの4文字をダブルアンダースコアで囲んだ**__init__()**というメソッドは、オブジェクトの初期化処理を担当し、オブジェクト作成直後に自動的に呼び出されます。

▼__init__()メソッドの書式

```
def __init__(self, パラメーター, ...)
    初期化のための処理...
```

●インスタンスごとの情報を保持するインスタンス変数

インスタンス変数とは、インスタンス(オブジェクト)が独自に保持する情報を格納するための変数です。1つのクラスからオブジェクトはいくつでも作れますが、それぞれのインスタンスは独自の情報を保持します。このとき、どのインスタンスかを示すのがselfの役割です。

▼インスタンス変数の書式

```
self.インスタンス変数名 = 値
```

▼__init__()メソッドでインスタンス変数への代入を行う

```
class Test2:
    def __init__(self, val):
        self.val = val

    def show(self):
        print(self.val)    # self.valを出力
```

```
test2 = Test2(100)
test2.show()
```

▼出力

```
100
```

クラス変数

クラスの内部で直接定義された変数を、**クラス変数**と呼びます。

▼クラス変数の定義

```
変数名 = 値
```

クラス変数は、「クラス名.変数名」でアクセスできます。インスタンス化しなくても利用できるのが特徴です。Flaskではクラス変数がよく使われています。

▼クラス変数

```
class MyClass:
    count = 0   # クラス変数countの定義

print(MyClass.count)   # 出力：0
```

クラスメソッド

クラスメソッドは、インスタンスではなく「クラス」と関連付けられたメソッドです。

▼クラスメソッドの定義

```
@classmethod
def メソッド名(cls, パラメーター, ...):
    処理...
```

クラスメソッドを定義するには、「@classmethod」というデコレーターを冒頭に付けます。デコレーターは、「関数やメソッド、クラスの定義の前に置くことで、その動作をカスタマイズする」ためのものです。@classmethodは、クラスメソッドを定義するためのデコレーターです。

クラスメソッドの第1パラメーターは「cls」とします。クラスメソッドを呼び出すには「クラス名.クラスメソッド名(引数)」、または「インスタンス.クラスメソッド名(引数)」としますが、これらの呼び出しにより、第1パラメーターの「cls」には呼び出しに使われたクラス、または呼び出しに使われたインスタンスのクラスが渡されます。

▼クラスメソッドの呼び出し

```
クラス名.メソッド名()
```

▼クラスメソッドを使ってみる

```
class ClassTest:
    @classmethod
    def class_method(cls):
        print("これはクラスメソッドです。")

ClassTest.class_method()   # 出力:これはクラスメソッドです。
```

第2章

Bootstrapを利用して
トップページを作る

2.1

Bootstrapの「Clean Blog」のダウンロード

「Bootstrap（ブートストラップ）」は、Webサイトや Webアプリケーションを作成するためのWebアプリケーションフレームワークです。Flaskはサーバーサイドのフレームワークですが、Bootstrapはフロントエンドのフレームワークになります。HTMLやCSS、JavaScriptで拡張した本格的なデザインのテンプレートが、数多く配布されています。

Bootstrapの使い方

Bootstrapの利用方法には、「目的別に用意されたHTMLやCSSのソースコードをコピー&ペーストして利用する」、「Webサイトとしての完成品の中から気に入ったものをダウンロードして利用する」という2つがあります。前者は「ページのデザイン的な要素を部品として利用する」使い方、後者は「完成品のWebサイトを丸ごと利用し、用途に応じて中身を改造していく」使い方だといえます。

●Bootstrapのサイト

■図2.1　Bootstrapのサイト（https://getbootstrap.jp/）

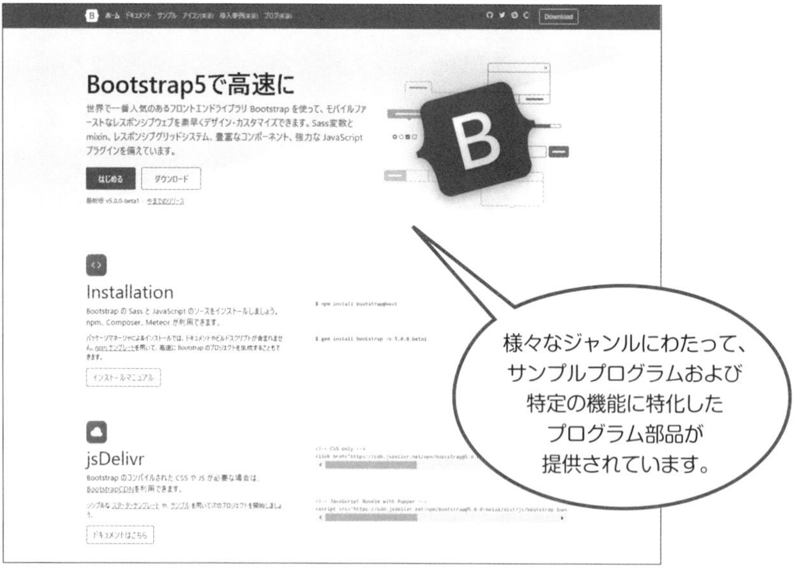

Bootstrapのサイトでは、次のものをダウンロードして利用することができます。

- **コンパイルされたCSSとJS**
  すぐに使える、コンパイルされたCSSとJSのコード。
- **ソースファイル**
  Sass (CSSを拡張して扱いやすくしたスタイルシート)、JavaScript、HTMLドキュメントを含むソースファイル。
- **サンプル**
  目的別に用意されたHTMLドキュメントとCSS、JavaScriptのセット。

このほかに、「はじめる」というページでテンプレートとして表示されるコードをそのままコピーし、手元のソースファイルに貼り付けて利用することができます。

Start Bootstrapのサイト

図2.2　Start Bootstrapのサイト (https://startbootstrap.com/)

Start Bootstrapのサイトでは、目的別に用意されたテンプレートを個別にダウンロードすることができます。ここでいうテンプレートとは、「ページの構造を定義するHTMLドキュメントと、画面のデザインを定義するCSSなどのセット」を意味します。ダウンロードしたものを自作のアプリに移植すれば、Start Bootstrapのサイトにあるデモと同等の機能やデザインを備えたWebアプリに仕立てることができます。

Start Bootstrapから「Clean Blog」をダウンロードする

Start Bootstrapのサイトにブログ用のテンプレート「Clean Blog」があるので、これを使ってblogアプリのページを作成することにしましょう。

■図2.3　Clean Blogのトップページ

Start Bootstrap (https://startbootstrap.com/) にアクセスし、**Themes** メニューの**Blog**を選択します。

図2.4　Start Bootstrapのトップページ

一覧の中から「Clean Blog」を見付けて、これをクリックします。

図2.5　Start Bootstrapに用意されたBlogの一覧

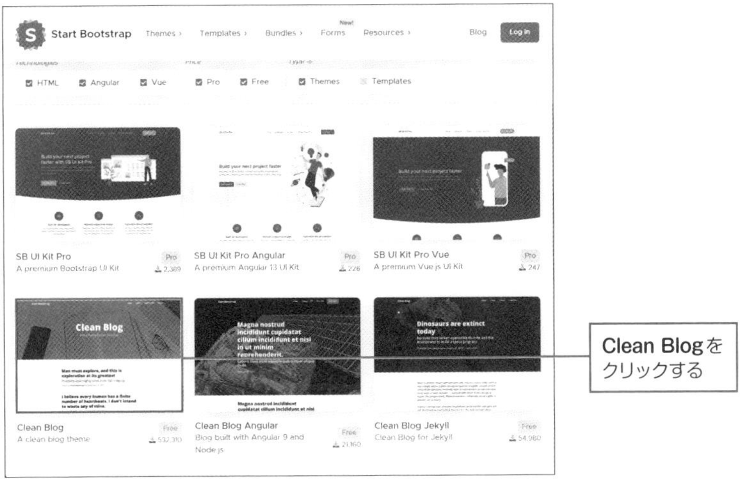

「Clean Blog」のダウンロードページが表示されるので、**Free Download**をクリックしましょう。

■図2.6 「Clean Blog」のダウンロードページ

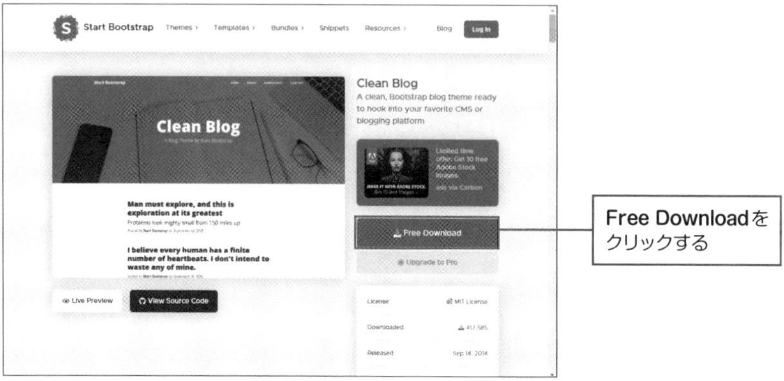

アーカイブファイル「startbootstrap-clean-blog-gh-pages.zip」がダウンロードされます。ZIP形式で圧縮されているので、ダウンロードが完了したら解凍しておきましょう。

2.2

プロジェクトフォルダーとアプリ用モジュールの作成

この節から、Bootstrapの「Clean Blog」を利用したブログアプリの開発を行います。第1章で、プロジェクトフォルダーを格納するためのフォルダー「flaskproject」を作成しましたので、このフォルダー内に、アプリに必要なファイルやデータの一式を格納するプロジェクトフォルダー「blogproject」を作成します。

ブログアプリのプロジェクトフォルダーを用意する

第1章では、プロジェクトフォルダーを格納するための「flaskproject」を作成し、仮想環境のフォルダー「venv_webapp」を配置しました。

ここではまず、「flaskproject」以下に今回開発するブログアプリ用のプロジェクトフォルダー「blogproject」を作成しておきましょう。

■図2.7 「flaskproject」フォルダー以下に「blogproject」を作成

```
flaskproject
 ├─ blogproject  ◀─ プロジェクトフォルダー「blogproject」を作成しておく
 └─ venv_webapp
```

ブログアプリのモジュールを作成する

Flaskで開発したアプリでは、クライアントからのリクエストに対し、次の流れでWebページの表示が行われます。

▼Flaskで開発したアプリの動作

（クライアントのブラウザーからのWebページ要求リクエスト）

↓

❶アプリの起動とビューの呼び出し（ルーティング）
クライアントからのリクエストに対してアプリを起動し、
要求されたURLに対応するビュー（HTMLをレンダリングする関数）を実行します。

↓

❷HTMLのレンダリング（ビュー）
テンプレート（HTMLドキュメント）を読み込んで応答データを作成し、
クライアントへ返します。

↓

（クライアントのブラウザーにWebページが表示される）

このうち、ここでは次の作業を行います。

・❶の処理におけるアプリのモジュール「blogapp.py」の作成
・❶の処理におけるアプリ起動用の「.env」ファイルをプロジェクトフォルダー以下に作成

●ブログアプリのモジュール「blogapp.py」を作成する

ブログアプリの起点となる「blogapp.py」を作成します。VSCodeを起動して、**ファイル**メニューの**フォルダーを開く**を選択して、「flaskproject」フォルダー以下に作成したプロジェクトフォルダー「blogproject」を開きましょう。「flaskproject」フォルダーではなく、プロジェクトフォルダー「blogproject」を直接開くことに注意してください。これは、あとあとの作業をやりやすくするためです。

■図2.8　VSCodeでプロジェクトフォルダー「blogproject」を開く

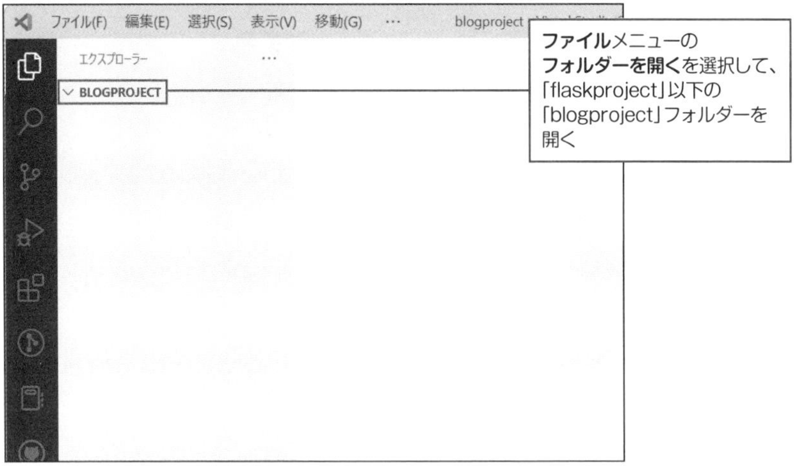

VSCodeの仕様として、最上位のフォルダー名はすべてアルファベットの大文字で表示されます。続いて、プロジェクトフォルダー以下にアプリ用のフォルダー「apps」を作成します。アプリ用のフォルダーの作成は必須ではないのですが、アプリに直接関連するファイルをまとめられるように、作成しておくことにしましょう。

VSCodeの**エクスプローラー**に表示されている「BLOGPROJECT」をマウスでポイントすると、**新しいフォルダー**ボタン が表示されるので、これをクリックするとフォルダー名の入力欄が開きます。「apps」と入力して Enter キーを押すと、フォルダーが作成されます。

図2.9 「apps」フォルダーの作成

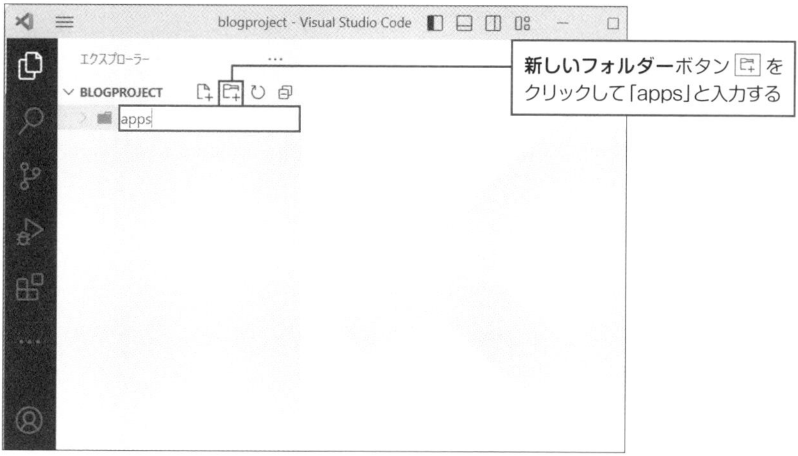

続いて、ブログアプリのモジュール「blogapp.py」を作成します。「apps」フォルダーを選択した状態で**新しいファイル**ボタン をクリックし、「blogapp.py」と入力して Enter キーを押します。

■図2.10 モジュール「blogapp.py」の作成

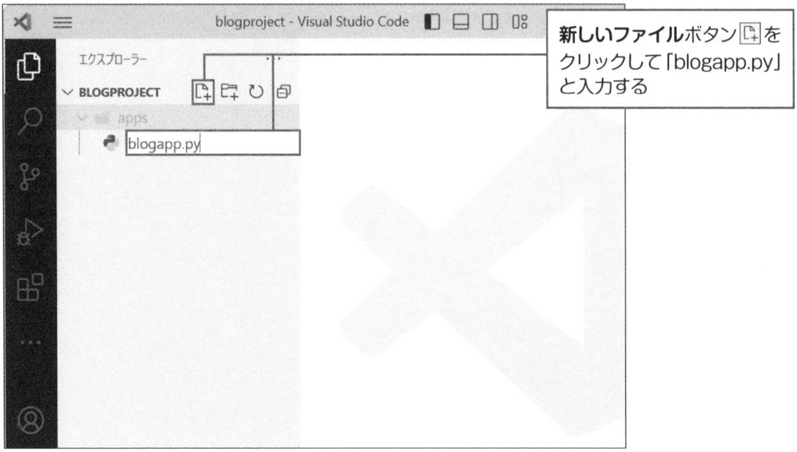

Pythonのモジュールが作成されると、**エディター**が開いてモジュールの中身が表示されます。

●VSCodeのPython環境を仮想環境と結び付ける

ここで重要なポイントをお話しします。拡張機能Pythonがインストールされていれば、VSCodeでPythonプログラムの開発が行えるようになります。ただし、初期状態ではVSCodeが「Python本体を参照している」または「どのPythonも参照していない」状態なので、事前に「仮想環境への参照」に切り替える操作が必要になります。

Pythonのモジュールが作成されると、**エディター**が開くと同時にステータスバーの右側の領域に、「3.11.2 64-bit」のようなPythonのバージョンあるいは「インタープリターを選択」という文字列が表示されるので、その部分をクリックします。

図2.11 ［ステータスバー］上のPythonインタープリター選択ボタン

Pythonインタープリター（実行ファイル）を選択する画面が表示されるので、作成済みの仮想環境のインタープリターを選択します。操作例では様々なPythonインタープリターが表示されていますが、1-4節で作成した仮想環境「venv_webapp」が表示されていません。このように目的の仮想環境が表示されていない場合は、**＋インタープリターパスを入力**を選択します。

図2.12 Pythonインタープリターの選択

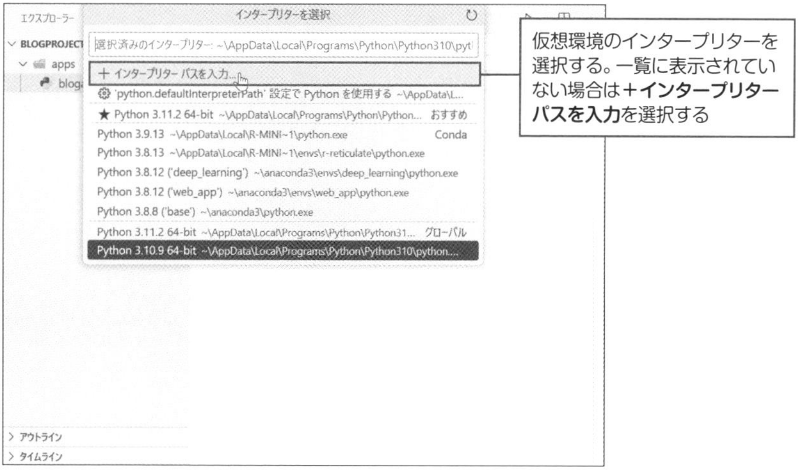

Pythonインタープリターのパスの入力欄が表示されるので、仮想環境のフォルダー以下の「Scripts」フォルダーに格納されている「python.exe」のフルパスを入力して Enter キーを押します。1-4節の操作例では、Cドライブの「flaskproject」フォルダーに仮想環境「venv_webapp」を作成したので、その場合のpython.exeのフルパスは次のようになります。

▼Cドライブの「flaskproject」フォルダーに仮想環境「venv_webapp」を作成した場合のpython.exeのパス

```
C:\flaskproject\venv_webapp\Scripts\python.exe
```

■図2.13　仮想環境のpython.exeのフルパスを入力

仮想環境のPythonインタープリターが設定され、ステータスバーに表示されます。

■図2.14　仮想環境のPythonインタープリター設定後のステータスバー

この操作は、プロジェクトフォルダー内に作成したPythonのモジュールに対して1回行えば記録されるので、以後は、そのプロジェクトフォルダー内にモジュールを作成したり開いたりするたびに行う必要はありません。一方、新しいプロジェクトフォルダーにPythonのモジュールを初めて作成した際には、インタープリターの設定を行うようにしてください。

●ブログアプリのフォルダーに「__init__.py」を作成する

Pythonでは、モジュールでクラスを定義する場合、初期化の処理を__init__()という名前のメソッドに書くルールになっています。それと同様に、モジュールのレベルでは、__init__.pyという名前のモジュールに初期化の処理を書くことになっています。__init__.pyでは、

・モジュールをインポート(他のファイルから読み込むこと)できるようにするための処理
・同じディレクトリにあるモジュールの初期化処理

などが定義されます。

また、1つのディレクトリに複数のモジュールがある場合や、階層化されたディレクトリにモジュールが分散している場合に、これらのモジュールを外部のモジュールでインポートするためには、インポートされるモジュール側のディレクトリに__init__.pyを用意する必要があります。今回はプロジェクトフォルダー以下の「apps」フォルダーにブログアプリのモジュール「blogapp.py」を作成したので、「apps」フォルダー内に__init__.pyを作成しておくことにします。

エクスプローラーの「apps」フォルダーを選択した状態で、**新しいファイル**ボタン[アイコン]をクリックし、「__init__.py」と入力して Enter キーを押します。

■図2.15 「apps」フォルダーに「__init__.py」を作成

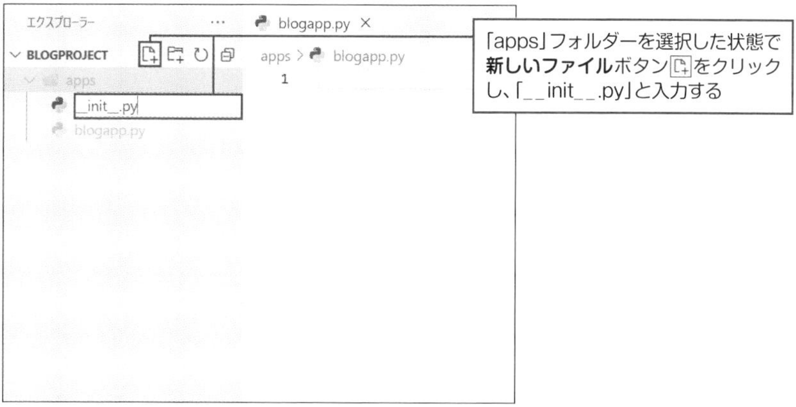
エクスプローラー
blogapp.py
BLOGPROJECT
apps
blogapp.py
1
__init__.py
blogapp.py
「apps」フォルダーを選択した状態で
新しいファイルボタンをクリックし、「__init__.py」と入力する

作成した__init__.pyには何も記載せず、空の状態にしておきます。

アプリ起動用の「.env」ファイルを作成する

Flaskで開発したアプリは、Webサーバーと連携したPythonアプリケーションサーバーで動作します。この場合、クライアントからのリクエストに対してアプリを起動するのですが、アプリを起動するコードが書かれたモジュール（本書の例では「blogapp.py」）をあらかじめ設定しておくことが必要になります。

アプリ起動用のモジュールを設定するには、コマンドを実行して行う方法もありますが、「.env」ファイルを作成し、環境変数FLASK_APPにアプリを起動するモジュールを登録しておくと、リクエスト時に自動的に「FLASK_APPに登録されたモジュール」が参照されるようになります。ただし、「.env」ファイルを自動で読み込ませるには、「python-dotenv」というパッケージ（ライブラリ）のインストールが必要になります。

●「python-dotenv」のインストール

「python-dotenv」のインストールをVSCodeの**ターミナル**で行います。現在、VSCode上ではモジュール「blogapp.py」「__init__.py」が作成され、仮想環境のPythonインタープリターが選択されています。この状態で**ターミナル**メニューの**新しいターミナル**を選択してください。

■図2.16 ［ターミナル］の表示

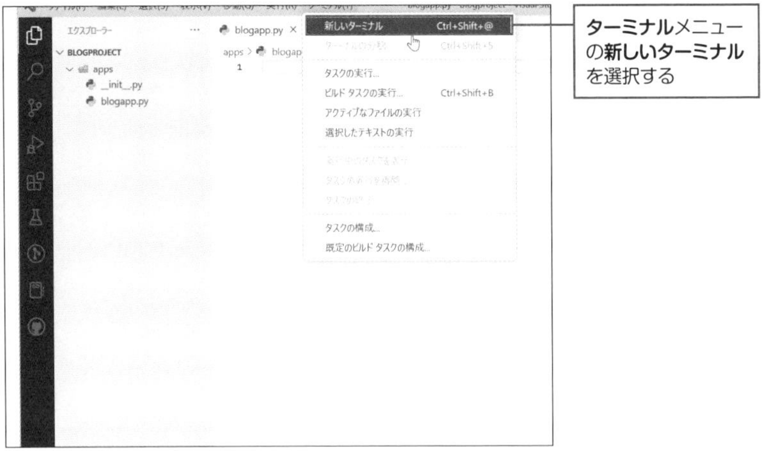

VSCodeの画面下部に**ターミナル**用のパネルが表示されます。

■図2.17　表示された［ターミナル］

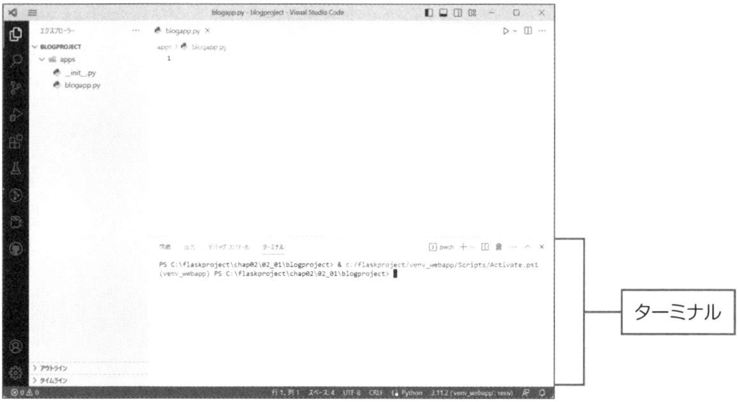

ターミナルの画面には次のように表示されています。

```
PS C:\flaskproject\blogproject> & c:/flaskproject/venv_webapp/Scripts/Activate.ps1
(venv_webapp) PS C:\flaskproject\blogproject>
```

1行目は、現在のフォルダー（C:\flaskproject\blogproject）から仮想環境のActivate.ps1が実行されたことを示しています。あらかじめ仮想環境のPythonインタープリターが選択されていると、VSCodeは**コンソール**上でActivate.ps1を実行するようになっています。この結果、2行目のプロンプトは仮想環境と連動した

```
C:\flaskproject\blogproject>
```

を作業ディレクトリとして実行されていることを示しています。これはWindowsの例ですが、macOSにおいても同じように仮想環境と連動するようになっています。

この状態でpipを実行すれば、仮想環境にライブラリがインストールされます。さっそく、次のように入力して「python-dotenv」をインストールしましょう。

▼「python-dotenv」のインストール

```
pip install python-dotenv
```

●プロジェクトフォルダー直下に「.env」ファイルを作成する

プロジェクトフォルダー直下に「.env」ファイルを作成しましょう。プロジェクトフォルダー「blogproject」をWindowsのエクスプローラーなどで直接開いて作成するか、次の方法を使ってVSCode上で作成します。

作業中のVSCodeとは別にVSCodeを起動して、プロジェクトの管理用フォルダー「flaskproject」を開きます。**エクスプローラー**で「blogproject」を右クリックして**新しいファイル**を選択します。

■図2.18　別に起動したVSCodeで、「blogproject」直下にファイルを作成

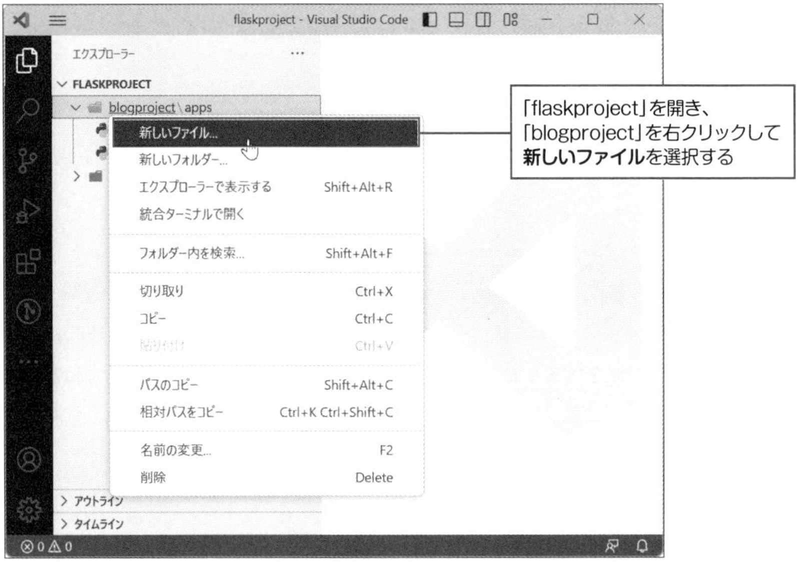

「.env」と入力して Enter キーを押します。

■図2.19 「blogproject」直下に「.env」ファイルを作成

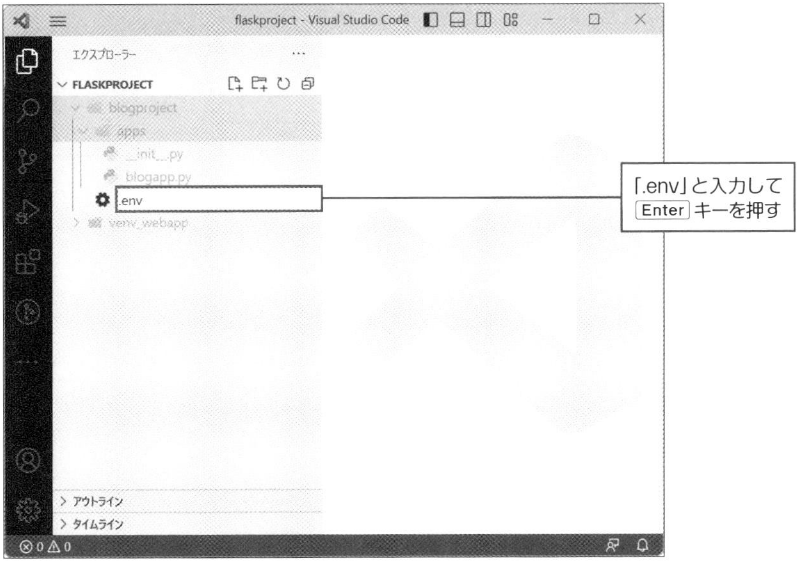

■図2.20 作成された「.env」

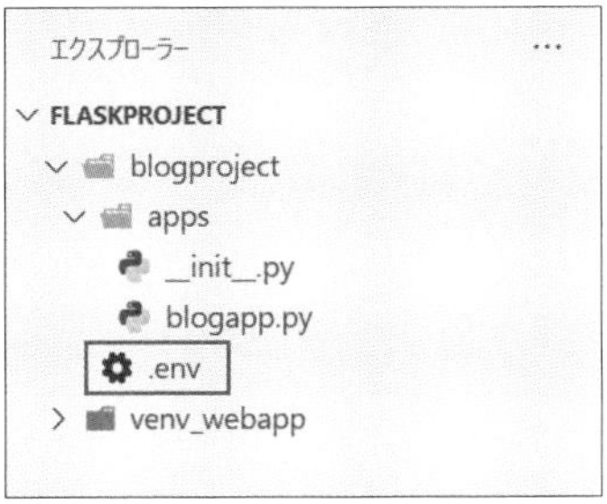

「blogproject」フォルダーの直下に「.env」ファイルが作成されたので、このままVSCodeを終了します。

再び作業中のVSCodeに戻って**エクスプローラー**を確認すると、「BLOGPROJECT」以下に「.env」が表示されているので、これをダブルクリックして**エディター**で開きます。

■図2.21　作業中のVSCodeに戻る

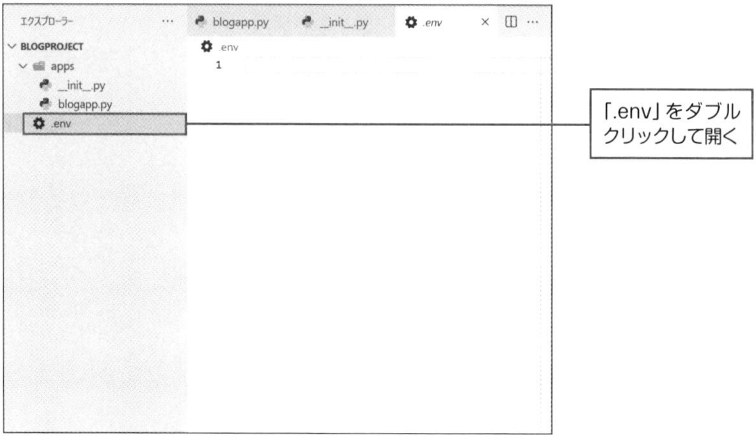

ここで、環境変数FLASK_APPに、起動するモジュールの場所を登録します。現在のディレクトリの構造は次のようになっています。

▼現在のディレクトリの構造

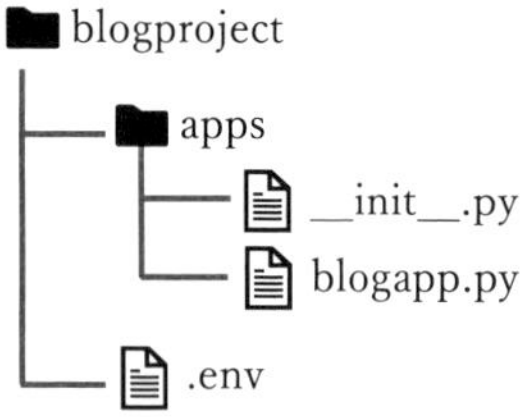

プロジェクトフォルダー直下の.envから見て、blogapp.pyは「apps」➡「blogapp.py」の位置にあるので、

```
FLASK_APP = apps.blogapp.py
```

のようにピリオド「.」で区切って記述します。

環境変数DEBUGは、デバッグモードのTrue（有効）とFalse（無効）を指定します。デフォルトはFalseですが、Trueを設定するとエラーが発生したときにエラーの内容がコンソールに出力されるので、開発中はTrueを設定しておくことにします。次のように入力したら、**ファイル**メニューの**保存**を選択して、内容を保存しておきましょう。

▼環境変数FLASK_APP、DEBUGの登録（プロジェクトフォルダー直下の「.env」）

```
# アプリのモジュールを登録
FLASK_APP = apps.blogapp.py
# デバッグモードを有効にする
DEBUG = True
```

2.3

「templates」、「static」フォルダーを作成して「Clean Blog」を移植する

Flaskのアプリでは、HTMLドキュメントを「templates」という名前のフォルダーに格納し、CSSやJavaScript、画像ファイルは「static」という名前のフォルダーに格納するルールになっています。これらのフォルダーは、アプリのモジュール（blogapp.py）と同じディレクトリ（フォルダー）に作成するのが基本です。

「templates」、「static」フォルダーを作成する

「apps」フォルダー以下にHTMLドキュメント用の「templates」フォルダーを作成しましょう。**エクスプローラー**上で「apps」フォルダーを選択して**新しいフォルダー**ボタンをクリックし、「templates」と入力して Enter キーを押します。

■図2.22 「apps」フォルダー以下に「templates」フォルダーを作成

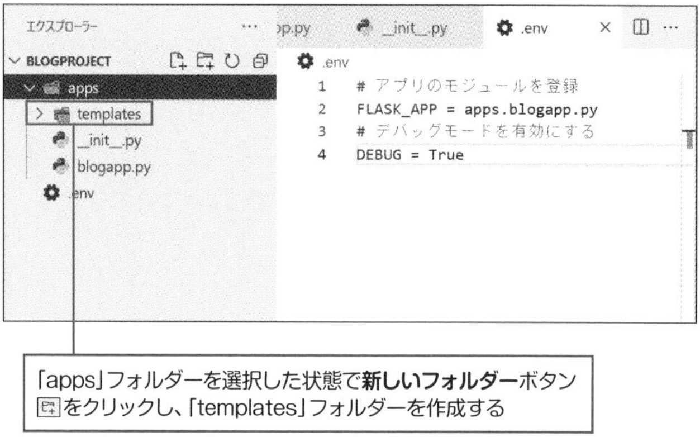

エクスプローラー
p.py
__init__.py
.env
BLOGPROJECT
apps
templates
__init__.py
blogapp.py
.env
.env
1 # アプリのモジュールを登録
2 FLASK_APP = apps.blogapp.py
3 # デバッグモードを有効にする
4 DEBUG = True
「apps」フォルダーを選択した状態で**新しいフォルダー**ボタンをクリックし、「templates」フォルダーを作成する

続いて「static」フォルダーを作成します。**エクスプローラー**上で「apps」フォルダーを選択して**新しいフォルダー**ボタンをクリックし、「static」と入力して Enter キーを押します。

■図2.23 「apps」フォルダー以下に「static」フォルダーを作成

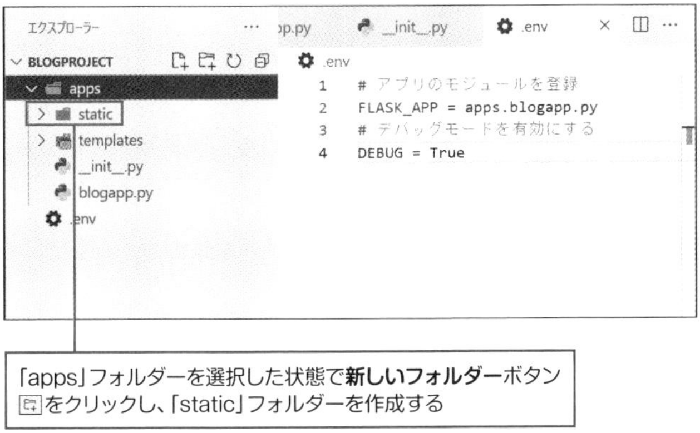
エクスプローラー
BLOGPROJECT
apps
static
templates
__init__.py
blogapp.py
.env
.env
# アプリのモジュールを登録
FLASK_APP = apps.blogapp.py
# デバッグモードを有効にする
DEBUG = True
「apps」フォルダーを選択した状態で**新しいフォルダー**ボタンをクリックし、「static」フォルダーを作成する

「Clean Blog」のトップページのデータを移植する

2.1節で「Clean Blog」のデーター式をダウンロードしました。ダウンロードして解凍した「startbootstrap-clean-blog-gh-pages」フォルダーには、次のデータが格納されています。

■図2.24 「Clean Blog」のデータ

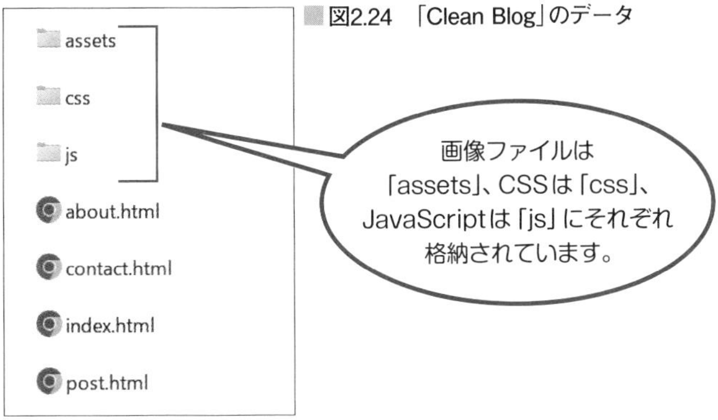
assets
css
js
about.html
contact.html
index.html
post.html
画像ファイルは「assets」、CSSは「css」、JavaScriptは「js」にそれぞれ格納されています。

4つのHTMLドキュメントのほか、画像データを格納した「assets」フォルダー、CSSを格納した「css」フォルダー、JavaScriptのソースファイルを格納した「js」フォルダーがあります。

●トップページ(index.html)をコピーして「templates」フォルダーに格納する

「Clean Blog」のトップページ(index.html)をコピーして、VSCodeの**エクスプローラー**に表示されている「templates」フォルダーに格納しましょう。index.htmlを直接、VSCodeの**エクスプローラー**上の「templates」フォルダーにドラッグ&ドロップする操作でコピー&ペーストしてください。

■図2.25 「Clean Blog」の「index.html」を「templates」フォルダーにコピー&ペースト

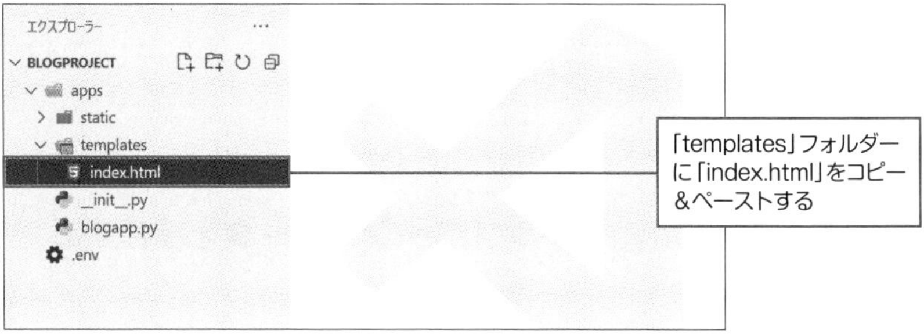

●「assets」「css」「js」をコピーして「static」フォルダーに格納する

「Clean Blog」の「assets」、「css」、「js」の各フォルダーをコピーして、VSCodeの**エクスプローラー**に表示されている「static」フォルダーに格納しましょう。コピーするフォルダーを直接、VSCodeの**エクスプローラー**上の「static」フォルダーにドラッグ&ドロップする操作でコピー&ペーストしてください。

■図2.26 「Clean Blog」の3つのフォルダーを「static」フォルダーにコピー&ペースト

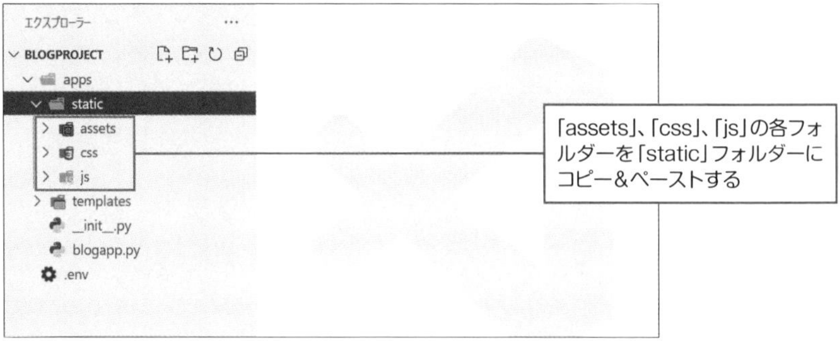

2.4

ブログアプリの初期化処理とトップページへのルーティングの設定

プロジェクトフォルダー直下には「.env」ファイルが配置され、ブログアプリへのアクセス(リクエスト)があると、アプリのモジュール「blogapp.py」が実行されるようになっています。

モジュール(blogapp.py)にアプリの起動用のコードを記述する

VSCodeの**エクスプローラー**で「blogapp.py」をダブルクリックして**エディター**で開きましょう。

最初に記述するのは、Flask()を実行してFlaskのインスタンス(オブジェクト)を作成するコードです。Flask()はモジュールの名前を引数に取るので、

```
app = Flask(__name__)
```

のように記述すると、Pythonの定義済み変数__name__に格納されたモジュール名が「__blogapp__」の形式でFlaskオブジェクトに引き渡されます。以降はappとすることで、blogapp.pyのFlaskオブジェクトを参照できます。なお、Flaskオブジェクトの基になるFlaskクラスは、

```
from flask import Flask
```

のように記述して、事前にインポート(読み込み)しておきます。

▼Flaskオブジェクトの生成(apps/blogapp.py)

```
"""
初期化処理
"""
from flask import Flask

# Flaskのインスタンスを生成
app = Flask(__name__)
```

トップページのルーティングの設定とビューの作成

「ルーティング」とは、通信相手までの経路を判断する仕組みのことです。Flaskでは、

```
http(s)://ホスト名/top/
```

のようにWebアプリへのアクセス(リクエスト)があると、ページのURL「/top」に対応したビューを呼び出します。

ビューは、①ルーティングからリクエスト情報を受け取り、②指定されたテンプレート(HTMLドキュメント)を読み込んで、③レスポンスとして返すデータを生成する、という処理を行います。ここで生成されたデータは、クライアントへのレスポンスとして、Webサーバーを経由してクライアントに返される仕組みです。

ルーティングとビューの記述

ルーティングの設定は、Flaskオブジェクトに対してroute()メソッドを

```
app.route('/')
```

のように実行することで行います。この例の場合は「http(s)://ホスト名/」へのルーティング情報が設定されます。ただし、route()メソッドでは経路情報が設定されるだけなので、そのあとにすべきビューの処理を書かなくてはなりません。そこでFlaskでは、Pythonのデコレーターという仕組みを使って、

```
@app.route('/')
def index():
    return render_template('index.html')
```

のように記述します。「@」の記号は関数に処理を追加する「デコレーター」であり、「次行のindex()に、経路情報としてapp.route('/')を追加する」という意味になります。簡単に言うと、「@で修飾されたapp.route('/')へのアクセスがあると、次行のindex()関数が実行される」仕組みです。デコレーターの次行の関数が実行されるので、関数名は何でも構いませんが、ここではわかりやすいようにindex()という名前にしました。

index()関数の処理は、

```
return render_template('index.html')
```

の1行のみです。Flaskのrender_template()関数は、「引数に指定されたHTMLドキュメントを読み込んで、応答データ(レスポンスデータ)として使えるように展開(レンダリング)する」処理を行います。これをreturnで返すことで、Flaskオブジェクトが内部的に応答データに格納してクライアントへ送信することになります。HTTPの通信手順を織り交ぜたので込み入った説明になりましたが、

```
@app.route('パス')
def 関数名():
  return render_template('ドキュメント名.html')
```

とすることで、「'パス'へのアクセスがあれば、render_template('ドキュメント名.html')が読み込まれて、クライアントのブラウザーに表示される」という仕組みです。

次のコードを追加して、モジュールを保存しておきましょう。

▼Flaskオブジェクトの生成とトップページのルーティング(apps/blogapp.py)

```
"""
初期化処理
"""
from flask import Flask

# Flaskのインスタンスを生成
app = Flask(__name__)

"""
トップページのルーティング
"""
from flask import render_template

@app.route('/')
def index():
    # index.htmlをレンダリングして返す
    return render_template('index.html')
```

開発サーバーを起動してトップページを表示してみる

Flaskには開発用のWebサーバーが搭載されており、コンソール上で

```
flask run
```

というコマンドを実行して起動できるようになっています。

開発作業中のVSCodeの**ターミナル**メニューをクリックし、**新しいターミナル**を選択しましょう。

■図2.27　ターミナルの起動

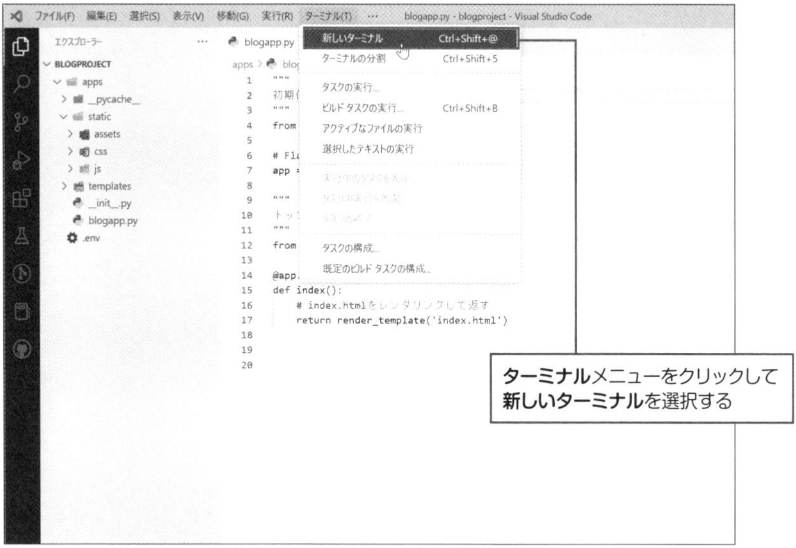

ターミナルが起動し、VSCodeの画面下部に表示されます。ターミナルには、

```
PS C:\flaskproject\blogproject> & c:/flaskproject/venv_webapp/Scripts/Activate.ps1
(venv_webapp) PS C:\flaskproject\blogproject>
```

のように表示され、仮想環境「venv_webapp」が参照された状態で、作業ディレクトリがプロジェクトフォルダー「`C:\flaskproject\blogproject>`」になっていることが確認できます。

この状態で、次のように入力して Enter キーを押します。

▼開発サーバーの起動

```
flask run
```

コマンドを実行すると、次のように表示されます。

■flask runコマンドを実行したあとのターミナル

```
PS C:\flaskproject\blogproject> & c:/flaskproject/venv_webapp/Scripts/Activate.ps1
(venv_webapp) PS C:\flaskproject\blogproject> flask run
 * Serving Flask app 'apps.blogapp.py'
 * Debug mode: off
WARNING: This is a development server. Do not use it in a
production deployment. Use a production WSGI server instead.
 * Running on http://127.0.0.1:5000
Press CTRL+C to quit
```

下から2行目の

```
 * Running on http://127.0.0.1:5000
```

は、開発サーバーが

IPアドレス：127.0.0.1
ポート番号：5000

において稼働中であることを伝えています。最後の

```
Press CTRL+C to quit
```

は、開発サーバーをシャットダウンする方法を示しています。Ctrl+Cを押すことで、開発サーバーがシャットダウンして、ターミナルがflask runコマンド実行前のプロンプトに切り替わります。

●ブラウザーを起動してトップページを表示する

開発サーバーが起動したので、ブログアプリのトップページを表示してみましょう。ブラウザーを起動して、アドレス欄に

```
http://127.0.0.1:5000
```

と入力してください。

■図2.28　開発中のブログアプリのトップページ

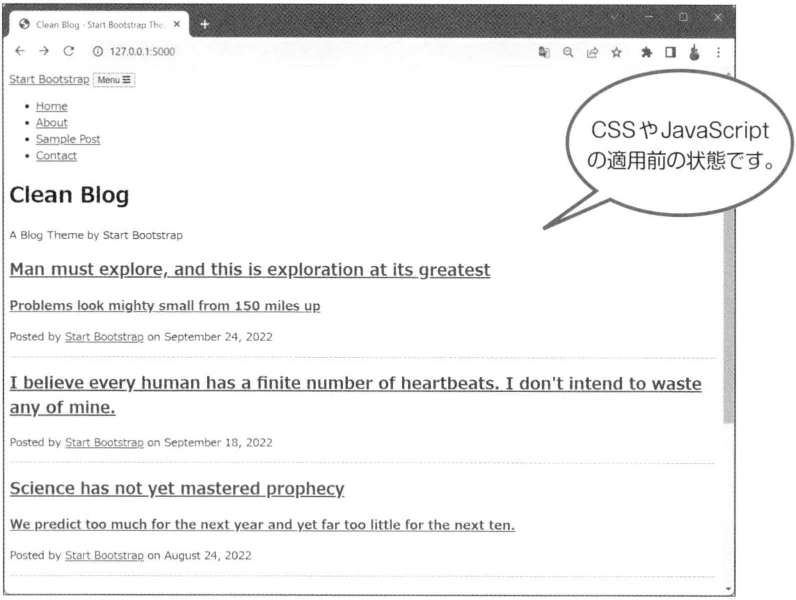

Bootstrapの「Clean Blog」から移植した「index.html」が表示されています。CSSやJavaScript、画像ファイルのリンクを設定していないので、素のHTMLドキュメントが出力されています。

ローカルマシンのIPアドレス「127.0.0.1」 コラム

「127.0.0.1」は「ローカル・ループバック・アドレス」と呼ばれ、自分自身を指すために定められた特別なIPアドレスです。ローカルマシンで稼働しているWebサーバーに、同じローカルマシン上のブラウザーからアクセスする場合は、「127.0.0.1」がWebサーバーのアドレスとなります。ローカル・ループバック・アドレスは、「localhost」という名前で代用できます。この場合、Flaskの開発用のWebサーバーには、

http://localhost:5000

でアクセスできます。

ポート番号の「5000」 コラム

ポート番号は、「通信相手のアプリケーションを識別するための、0から65535までの番号」です。コンピューターネットワーク上でアプリケーション同士が通信するときは、双方のIPアドレスを用いることに加えて、ポート番号の指定が必須です。例えば、Yahoo! JAPANにアクセスする場合は、

```
https://www.yahoo.co.jp:443
```

のように、URLの末尾に「:443」と付けることで、HTTPSという通信規約に定められている443番ポートを指定する必要があります。といっても、私たちはこんな番号を付けてアクセスしたことなんてありません。実は、ブラウザー側の設定で、HTTPSの通信には内部で「:443」が追加されるようになっているのです。

話が横にそれてしまいましたが、Flaskの開発用のWebサーバーは、ポート番号が「5000」に設定されています。この場合、ブラウザーは自動で「:5000」を付け加えたりしないので、

```
http://127.0.0.1:5000
```

と入力する必要があるのです。

ドメイン名とIPアドレス　コラム

Flaskの開発用のWebサーバーにアクセスするときは、ブラウザーのアドレス欄に「http://127.0.0.1:5000」と入力しました。ポート番号は別にして、IPアドレスをじかに入力しました。これは、ローカル・ループバック・アドレスの「127.0.0.1」は、これに対応するドメイン名がないからです（前ページで紹介した「localhost」という名前を使うことは可能）。URLは、

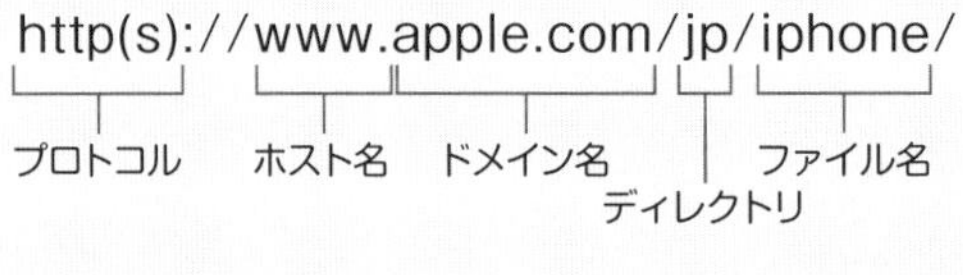

のような構造になっていて、この中の「ホスト名」と「ドメイン名」を合わせたものをFQDN（Fully Qualified Domain Name）と呼びます。このFQDNは、DNS（Domain Name System）という仕組みによって、IPアドレスと一対一で対応付けられています。このような仕組みのお陰で、xxx.xxx.xxx.xxxといった形（IPv4の場合）での数字と記号の羅列であるIPアドレスを入力することなく、FQDNの文字列でサーバーにアクセスできます。ネット上では、ブラウザーから送信されたFQDNをIPアドレスに変換してくれる仕組みが常に動いているので、このようなことが可能なのです。

上述のローカル・ループバック・アドレスのような、ローカル環境（インターネットに開かれていないという意味）で使用するIPアドレスには、FQDNが割り当てられていません。外部に公開するものではないので、そもそも必要がないのです。

2.5

CSS、JavaScript、画像ファイルのリンクを設定する

テンプレート(HTMLドキュメント)を読み込んで、Webページのデータを動的に生成するプログラムのことを、「テンプレートエンジン」と呼びます。これは、「ビュー」における処理を実現するための要となるプログラムであり、Flaskには「Jinja2」という名前のテンプレートエンジンが搭載されています。

前節で作成した、トップページを表示するビューでは、HTMLドキュメントのレンダリングにrender_template()関数を使いました。この関数はJinja2で定義されているものです。

CSS、JavaScript、画像ファイルのリンクの設定

Jinja2では、レンダリングするHTMLドキュメントの中に

```
{{  }}
```

のように、二重の波形カッコで囲まれた箇所があると、内部に書かれた要素をプログラムとして実行します。例えば、URLを生成する関数url_for()を使って

```
{{ url_for('index') }}
```

とすると、ビューのindex()関数のデコレーター

```
@app.route('/')
```

で設定されている「/」が取得されます。テンプレートのHTMLドキュメントに

```
<a href="{{url_for('index')}}">トップページ</a>
```

と記述した場合は、レンダリング後に

```
<a href="/">トップページ</a>
```

のように「{{url_for('index')}}」の部分が「/」に置き換わり、リンクとして機能するようになります。

url_for()の引数には「エンドポイント」を指定します。先ほどの例のurl_for('index')では、'index'がエンドポイントです。何もしなければ、エンドポイントはビューの関数名として認識されますが、route()でendpointオプションを使って独自の名前にすることができます。

▼route()でendpointオプションを使って独自の名前を設定する

```
@app.route('/', endpoint='toppage')
def index():
    return render_template('index.html')
```

この場合は、{{url_for('index')}}は使えなくなるので、endpointオプションで設定した'toppage'を使って{{url_for('toppage')}}のようにする必要があります。なお、特別な理由がない限りendpointオプションの設定は不要です。混乱を避けるためにも、デフォルトの「エンドポイント＝ビューの関数名」としておくようにしましょう。

●アンカーテキストのhref属性を設定する

テンプレート「index.html」には、トップページ自体へのアンカーテキストが2カ所あります。この部分のhref属性の値を"{{url_for('index')}}"に書き換えます。その際に、最初のアンカーテキストを「Flask Blog」に書き換えておきます。

エクスプローラーで「apps/templates」以下の「index.html」をダブルクリックして**エディター**で開き、20行目付近から始まる<nav>～</nav>ブロック内のアンカーテキストとhref属性を、次のように書き換えます。

▼アンカーテキストのhref属性をhref="{{url_for('index')}}"に書き換え
（apps/templates/index.html）

```
<!-- Navigation-->
<nav class="navbar navbar-expand-lg navbar-light" id="mainNav">
    <div class="container px-4 px-lg-5">
        <!-- アンカーテキストとリンク先を設定 -->
        <a class="navbar-brand" href="{{url_for('index')}}">Flask Blog</a>
        <button class="navbar-toggler"
                type="button"
                data-bs-toggle="collapse"
```

```
            data-bs-target="#navbarResponsive"
            aria-controls="navbarResponsive"
            aria-expanded="false"
            aria-label="Toggle navigation">
        Menu
        <i class="fas fa-bars"></i>
    </button>
    <div class="collapse navbar-collapse"
        id="navbarResponsive">
        <ul class="navbar-nav ms-auto py-4 py-lg-0">
            <!-- Homeのリンク先を設定 -->
            <li class="nav-item">
                <a class="nav-link px-lg-3 py-3 py-lg-4"
                    href="{{url_for('index')}}">Home</a>
            </li>
            <li class="nav-item">
                <a class="nav-link px-lg-3 py-3 py-lg-4"
                    href="about.html">About</a>
            </li>
            <li class="nav-item">
                <a class="nav-link px-lg-3 py-3 py-lg-4"
                    href="post.html">Sample Post</a>
            </li>
            <li class="nav-item">
                <a class="nav-link px-lg-3 py-3 py-lg-4"
                    href="contact.html">Contact</a>
            </li>
        </ul>
    </div>
  </div>
</nav>
```

<head>タグのアイコンのリンクとCSSのリンク先を書き換える

index.htmlの冒頭の<head>～</head>ブロック内部に、Webページのアイコンのリンクおよび CSSのリンクを設定している箇所があるので、それぞれのhref属性の値を書き換えます。アイコンのファイルとCSSはそれぞれ「apps」以下の「static」フォルダー内の「assets」と「css」に格納されています。

- **favicon.ico**
  apps/static/assets/favicon.ico
- **styles.css**
  apps/static/css/styles.css

url_for()でそれぞれのリンク先を設定しますが、この場合、

```
"{{ url_for('static', filename='static以下のファイルパス') }}"
```

のように記述すると、「static」フォルダー以下のfilenameで指定したファイルパスがリンク先として設定されるようになります。

では、index.htmlの冒頭の<head>～</head>ブロック内部にある2カ所のhref属性の値を書き換えましょう。その際に、<title>～</title>のテキストも書き換えておきます。

▼冒頭の<head>～</head>ブロック内部の2カ所のhref属性の値を書き換え（apps/templates/index.html）

```
<head>
        <meta charset="utf-8" />
        <meta name="viewport" content="width=device-width, initial-scale=1, shrink-to-fit=no" />
        <meta name="description" content="" />
        <meta name="author" content="" />
        <!-- ページタイトルを変更 -->
        <title>Flask Blog</title>
        <!-- アイコンのリンク先を設定 -->
        <link
            rel="icon" type="image/x-icon"
            href="{{ url_for('static', filename='assets/favicon.ico') }}" />
        <!-- Font Awesome icons (free version)-->
```

```
    <script
        src="https://use.fontawesome.com/releases/v6.1.0/js/all.js"
        crossorigin="anonymous"></script>
    <!-- Google fonts-->
    <link
        href="https://fonts.googleapis.com/css?family=Lora:400,700,..."
        rel="stylesheet" type="text/css" />
    <link
        href="https://fonts.googleapis.com/css?family=Open+Sans:300italic,400,..."
        rel="stylesheet" type="text/css" />
    <!-- Core theme CSS (includes Bootstrap)-->
    <!-- CSSのリンク先を変更-->
    <link
        href="{{ url_for('static', filename='css/styles.css') }}"
        rel="stylesheet" />
</head>
```

ヘッダー画像のリンク先を書き換える

index.htmlの<body>タグ以下に、ページのヘッダーを設定する<header>～</header>ブロックがあります。開始タグでは

```
<header class="masthead" style="background-image: url('assets/img/home-bg.jpg')">
```

のように、背景画像(background-image)が

```
url('assets/img/home-bg.jpg')
```

になっているので、これを

```
url('static/assets/img/about-bg.jpg')
```

のように、static以下のパスに書き換えます。

あと、ヘッダーのタイトルを設定している<h1>タグの要素(テキスト)も書き換えておきます。

▼<header>～</header>ブロック内部の背景画像のリンク先を書き換え（apps/templates/index.html）

```
<!-- Page Header-->
<!-- 背景画像のリンク先を設定 -->
<header class="masthead"
        style="background-image: url('/static/assets/img/about-bg.jpg')">
        <div class="container position-relative px-4 px-lg-5">
            <div class="row gx-4 gx-lg-5 justify-content-center">
                <div class="col-md-10 col-lg-8 col-xl-7">
                    <div class="site-heading">
                        <!-- ヘッダーのタイトル変更 -->
                        <h1>Flask Blog</h1>
                        <span class="subheading">
                            A Blog Theme by Start Bootstrap</span>
                    </div>
                </div>
            </div>
        </div>
</header>
```

●JavaScriptのリンク先を書き換える

index.htmlの末尾付近に、JavaScriptのリンクを設定する

```
<script src="js/scripts.js"></script>
```

があるので、これを

```
<script src="{{ url_for('static', filename='js/scripts.js') }}"></script>
```

に書き換えます。

▼JavaScriptのリンク先を書き換え（apps/templates/index.html）

```
        <!-- Bootstrap core JS-->
        <script src="https://cdn.jsdelivr.net/...@5.1.3/dist/js/bootstrap.bundle.min.js">
        </script>
        <!-- Core theme JS-->
        <!-- JSのリンク先を設定 -->
        <script src="{{url_for('static', filename='js/scripts.js')}}"></script>
    </body>
</html>
```


フッターの一部を書き換える

ページのフッターを設定する<footer>～</footer>ブロックに、ツイッター、フェイスブック、GitHubのリンク用アイコンが配置されている箇所と、著作権表示の箇所があります。書き換えは必須ではないものの、気になるので書き換えておくことにしましょう。

▼フッターを設定する<footer>～</footer>ブロックの一部を書き換える（apps/templates/index.html）

```
<!-- Footer-->
<footer class="border-top">
    <div class="container px-4 px-lg-5">
        <div class="row gx-4 gx-lg-5 justify-content-center">
            <div class="col-md-10 col-lg-8 col-xl-7">
                <ul class="list-inline text-center">
                    <li class="list-inline-item">
                        <a href="https://www.twitter.com/">
                            <span class="fa-stack fa-lg">
                                <i class="fas fa-circle fa-stack-2x"></i>
                                <i class="fab fa-twitter fa-stack-1x fa-inverse"></i>
                            </span>
                        </a>
                    </li>
                    <li class="list-inline-item">
```

```
                    <a href="https://www.facebook.com/">
                        <span class="fa-stack fa-lg">
                            <i class="fas fa-circle fa-stack-2x"></i>
                            <i class="fab fa-facebook-f fa-stack-1x fa-inverse"></i>
                        </span>
                    </a>
                </li>
                <li class="list-inline-item">
                    <a href="https://github.co.jp">
                        <span class="fa-stack fa-lg">
                            <i class="fas fa-circle fa-stack-2x"></i>
                            <i class="fab fa-github fa-stack-1x fa-inverse"></i>
                        </span>
                    </a>
                </li>
            </ul>
            <!-- 著作権表示 -->
            <div class="small text-center text-muted fst-italic">
                Copyright &copy; flaskblog 2023</div>
        </div>
    </div>
</div>
</footer>
```

開発サーバーを起動してトップページを確認する

編集後の「index.html」を保存したら、開発サーバーを起動して確認してみましょう。開発サーバーが起動中の場合は、Ctrl+C（macOSは⌘+C）を押して終了してから、「flask run」を実行して再起動してください。ブラウザーで「http://127.0.0.1:5000」にアクセスすると、次のように表示されます。

図2.29　CSSやJavaScript、背景画像のリンク設定後のトップページ

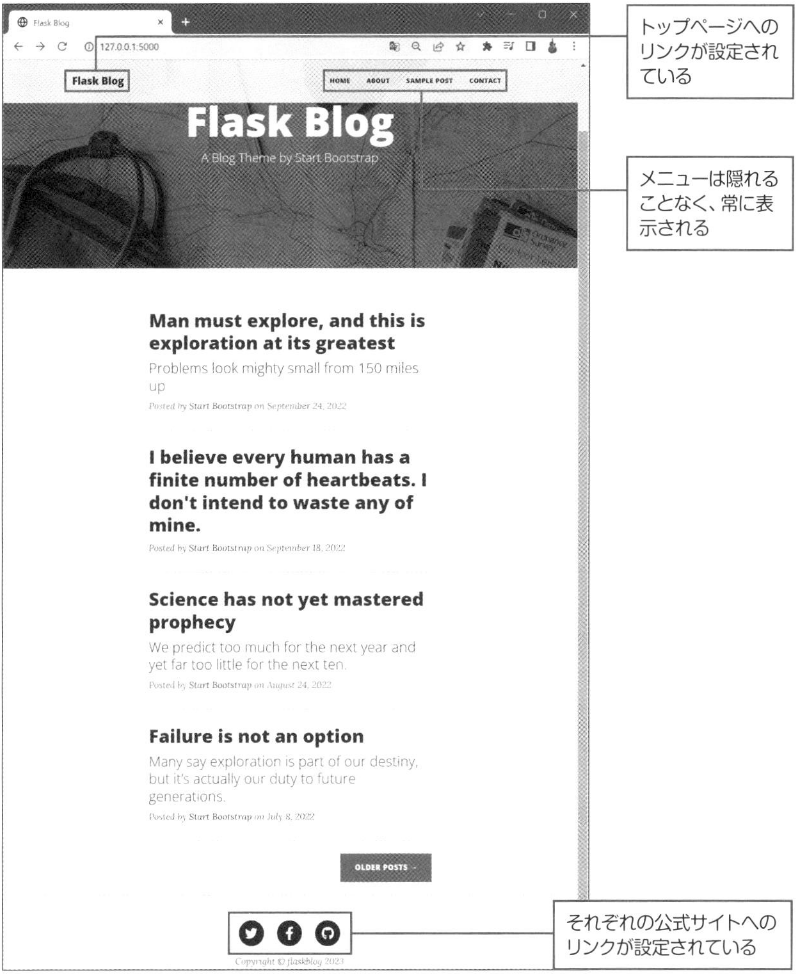

■図2.30　ナビゲーションメニューがウィンドウの幅に収まらない場合

■図2.31　メニュー展開用のボタンをクリックしたところ

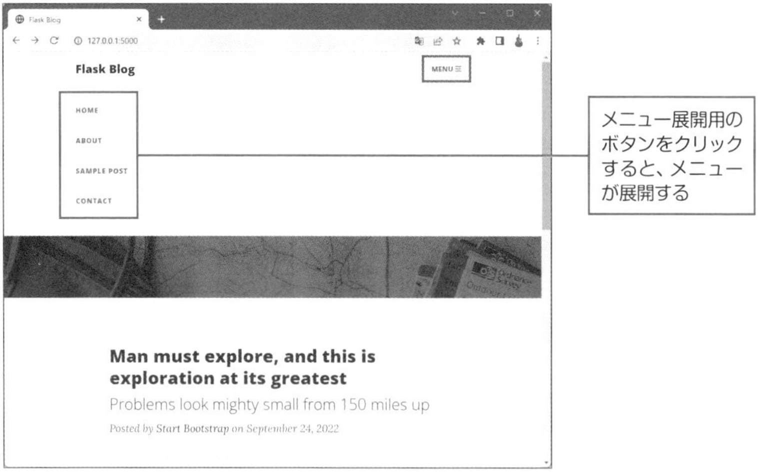

第3章

データベースを用意する

3.1

データベースをアプリで使えるようにする

Pythonには、標準でデータベース管理ソフト「SQLite3」が搭載されています。ここでは、アプリでSQLite3を使うための準備として、次の作業を行います。

・SQLAlchemyのインストール
・アプリの起動モジュール（blogapp.py）へのデータベース関連処理の追加
・環境変数の設定情報を専用のモジュールに記述

Flask-SQLAlchemyのインストール

「SQLAlchemy」は、Pythonプログラミング言語のためのオープンソースのSQLツール、オブジェクト関係マッピング（ORM）ライブラリです。オブジェクト関係マッピング（Object-relational mapping）とは、データベースとオブジェクト指向プログラミング言語の間の非互換なデータを変換するプログラミング技法のことです。

SQLAlchemyを利用することで、SQL言語の代わりにPythonのコードでデータベースを操作できるようになります。SQLAlchemyは、Flaskの拡張ライブラリ「Flask-SQLAlchemy」をインストールすることで利用可能となります。

●VSCodeの［ターミナル］で「Flask-SQLAlchemy」をインストールする

開発作業中のVSCodeの**コンソール**メニューをクリックし、**新しいターミナル**を選択しましょう。

■図3.1　ターミナルの起動

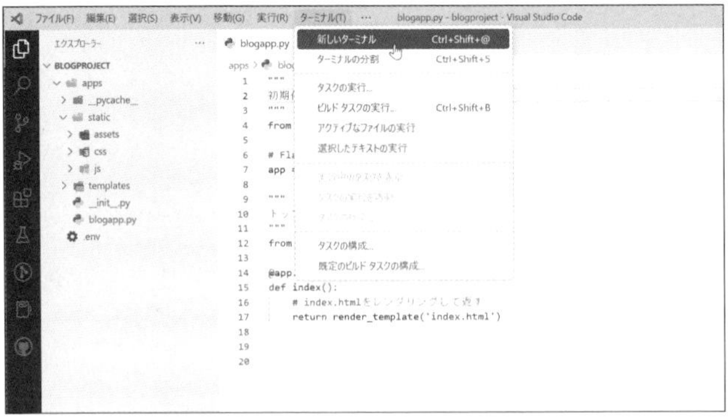

ターミナルが起動し、VSCodeの画面下部に表示されます。仮想環境のPythonインタープリターが設定されていれば、ターミナルは、仮想環境(venv_webapp)が参照された状態になっています。この状態で、次のように入力して「Flask-SQLAlchemy」をインストールします。

▼「Flask-SQLAlchemy」をインストールする

```
pip install flask-sqlalchemy
```

「Flask-Migrate」のインストール

データベースをマイグレーションするための拡張ライブラリ「Flask-Migrate」をインストールします。「マイグレーション」とは、データベースのテーブル作成やテーブルのカラム(列)変更などを行うことです。「Flask-Migrate」を利用することで、Flask-SQLAlchemyのコードと連携して、データベースのテーブル作成やカラム変更などのマイグレーションが行えるようになります。

VSCodeの[ターミナル]で「Flask-Migrate」をインストールする

VSCodeの**コンソール**に次のように入力して「Flask-Migrate」をインストールします。

▼「Flask-Migrate」をインストールする

```
pip install flask-migrate
```

アプリの起動モジュール（blogapp.py）にデータベースの初期化処理を記述する

ブログアプリの起動用モジュール（blogapp.py）を**エディター**で開いて、次のコードを追加しましょう。

▼データベース関連の初期化処理を追加する（blogproject/apps/blogapp.py）

```
"""
初期化処理
"""
from flask import Flask

# Flaskのインスタンスを生成
app = Flask(__name__)

# 設定ファイルを読み込む
app.config.from_pyfile('settings.py')

# SQLAlchemyのインスタンスを生成
from flask_sqlalchemy import SQLAlchemy
db = SQLAlchemy()

# SQLAlchemyオブジェクトにFlaskオブジェクトを登録する
db.init_app(app)

# Migrateオブジェクトを生成して
# FlaskオブジェクトとSQLAlchemyオブジェクトを登録する
from flask_migrate import Migrate
Migrate(app, db)

"""
トップページのルーティング
"""
from flask import render_template
```

```
@app.route('/')
def index():
    # index.htmlをレンダリングして返す
    return render_template('index.html')
```


●コード解説

・app.config.from_pyfile('settings.py')

Pythonのデータベース管理ソフト「SQLite3」をSQLAlchemyで扱うためには、環境変数SQLALCHEMY_DATABASE_URIの値を設定することが必要です。環境変数はfrom_mapping()でじかに設定することもできますが、ここでは専用のファイル（コンフィグファイル）を用意して、from_pyfile()で読み込むようにしています。コンフィグファイル（モジュール）は、次の項目で作成します。

・from flask_sqlalchemy import SQLAlchemy

flask_sqlalchemyからSQLAlchemyをインポートします。Pythonではインポート文をモジュールの先頭に記述することが推奨されていますが、混乱を避けるため、開発中は使用する直前に記述することにします。

・db = SQLAlchemy()

SQLAlchemyのインスタンス（オブジェクト）を生成してdbに格納します。

・db.init_app(app)

SQLAlchemyオブジェクトにFlaskオブジェクト（app）を登録します。

・from flask_migrate import Migrate

flask_migrateからMigrateをインポートします。

・Migrate(app, db)

Migrateの初期化メソッドを実行して、Flaskオブジェクト（app）とSQLAlchemyオブジェクト（db）をMigrateオブジェクトに登録します。

コンフィグファイルの作成

コンフィグとは「コンフィグレーション」の略で、設定などの意味を持ちます。コンフィグファイルは、設定情報が書かれたファイルのことを指します。

ここでは、コンフィグファイルのモジュール（settings.py）を作成し、データベース関連の環境変数の設定値を記述します。

●「apps」以下に「settings.py」を作成する

エクスプローラーで「apps」フォルダーを右クリックして**新しいファイルの作成**を選択し、「settings.py」と入力してコンフィグファイル用のモジュールを作成します。

■図3.2 「apps」フォルダー以下に「settings.py」を作成

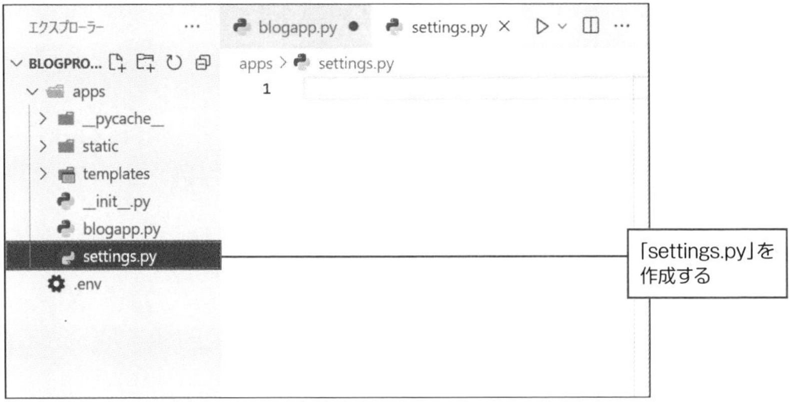

SQLAlchemyの環境変数に値を設定する

作成したコンフィグファイル「settings.py」を**エディター**で開いて、次のコードを入力しましょう。

▼SQLAlchemyの環境変数に値を設定 (blogproject/apps/settings.py)

```
import os

# モジュールの親ディレクトリのフルパスを取得
basedir = os.path.dirname(os.path.dirname(__file__))
# 親ディレクトリのblog.sqliteをデータベースに設定
SQLALCHEMY_DATABASE_URI = 'sqlite:///' + os.path.join(
                                    basedir, 'blog.sqlite')
# シークレットキーの値として10バイトの文字列をランダムに生成
SECRET_KEY = os.urandom(10)
```

コード解説

・basedir = os.path.dirname(os.path.dirname(__file__))

os.path.dirname(__file__)で取得した、モジュールのディレクトリパスを引数にして、os.path.dirname()を実行することで、親ディレクトリの「blogproject」のパスを取得しています。

・SQLALCHEMY_DATABASE_URI = 'sqlite:///' + os.path.join(
basedir, 'blog.sqlite')

SQLALCHEMY_DATABASE_URIでは、データベースが置かれている場所を示すURIを設定します。SQLite3のURIは、

```
sqlite:///データベースファイルのフルパス
```

の形式になります。ここでは、

```
'sqlite:///'
```

に

```
os.path.join(basedir, 'blog.sqlite')
```

を連結しているので、

```
sqlite:///C:\flaskproject\blogproject\blog.sqlite
```

のようなURIが生成されます。「blog.sqlite」がデータベースのファイル名です。データベースはまだ作成していませんが、マイグレーションを実行する際にSQLALCHEMY_DATABASE_URIが参照され、URIが示す位置（現在のモジュールの親ディレクトリ）に「blog.sqlite」が作成されます。

SQLALCHEMY_DATABASE_URIはデータベース接続用の情報なので、データベースが作成されたあとも、データベース接続の際は常に参照されます。

・SECRET_KEY = os.urandom(10)

SECRET_KEYでは、セッション情報（後述のクッキー）を暗号化する際に使用するシークレットキー（秘密鍵）を、文字列で指定します。'abcdef123210'のように任意の文字列をセットすることもできますが、セキュリティ上の問題があるため、os.urandom(10)として、10バイトの文字列をランダムに生成するようにしています。例えば次のような文字列が生成されます（「\x??」は16進数表記で1文字分を表します）。

```
b'^\x12{\xb7y\xb3\x80\xfe(c'
```

SQLAlchemyオブジェクトは内部にsessionを保有していて、クライアントからデータベースの処理がリクエストされた際にsessionの値を参照することで、一連の処理を継続的に行います。詳しくはのちほど解説します。

3.2 モデルを定義してデータベースを作成する

モデルとは、データベースのテーブルの内容が定義されたクラスのことです。Flaskのアプリは、モデルを通じてテーブルの作成や更新を行います。

SQLAlchemyのModelクラスを継承したモデル「Blogpost」を定義する

エクスプローラーで「apps」フォルダーを右クリックして**新しいファイルの作成**を選択し、「models.py」と入力してモデル用のモジュールを作成します。

図3.3 「apps」フォルダー以下に「models.py」を作成

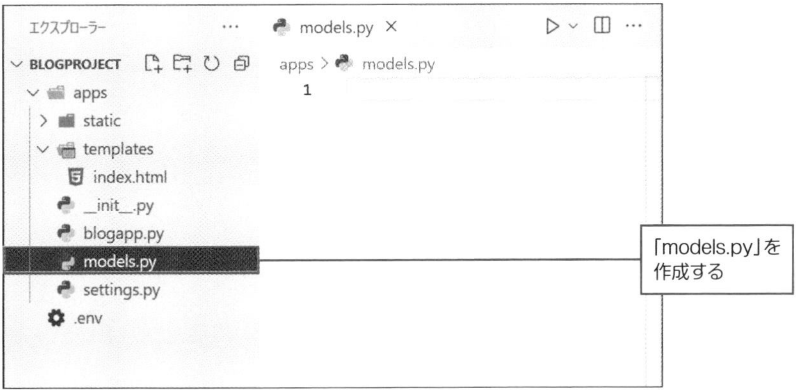

作成したモジュール「models.py」を**エディター**で開いて、次のように入力しましょう。

▼モデルクラス「Blogpost」の定義（blogproject/apps/models.py）

```
from datetime import datetime
from apps.blogapp import db


class Blogpost(db.Model):
```

```
    """モデルクラス

    """
    # テーブル名を「posted」にする
    __tablename__ = "posted"

    # 自動的に連番を振るフィールド、プライマリーキー
    id = db.Column(
        db.Integer,              # Integer型
        primary_key=True,        # プライマリーキーに設定
        autoincrement=True)      # 自動連番を振る
    # タイトル用のフィールド
    title = db.Column(
        db.String(200),          # String型(最大文字数200)
        nullable=False)          # 登録を必須にする
    # 本文用のフィールド
    contents = db.Column(
        db.Text,                 # Text型
        nullable=False)          # 登録を必須にする
    # 投稿日のフィールド
    create_at = db.Column(
        db.Date,                 # Date型
        default=datetime.today()) # 現在の日付を取得
```

●コード解説

テーブル名を

```
__tablename__ = "posted"
```

で「posted」にして、4つのフィールドを設定しました。これらのフィールドが、テーブルのカラム（列）として設定されます。

▼postedテーブルに設定した4つのフィールド

フィールド名	用途	フィールドの型	オプションの設定
id	投稿記事のid	sqlalchemy.types.Integer	primary_key=True autoincrement=True
title	タイトル	sqlalchemy.types.String	nullable=False
contents	投稿記事本文	sqlalchemy.types.Text	nullable=False
create_at	投稿日	sqlalchemy.types.Date	default=datetime.today()

フィールドは、sqlalchemy.schema.Column()で作成します。フィールドの型としては次のものが指定できます。

▼フィールドに設定できる型（一部抜粋）

SQLAlchemyの型	対応するSQLite3の型	説明
Integer	INTEGER	整数。
Float	FLOAT	浮動小数点数。
String(size)	VARCHAR	最大サイズsizeの文字列。
Text	TEXT	サイズの制限のない文字列。
DateTime	DATETIME	日付と時刻。
Date	DATE	日付。

・from datetime import datetime

Pythonの標準ライブラリ「datetime」から「datetime」モジュールをインポートします。

・from apps.blogapp import db

「apps」フォルダー以下の「blogapp.py」モジュールからSQLAlchemyのインスタンス「db」をインポートします。

「apps」の「__init__.py」にmodels.pyのインポート文を記述する

マイグレーションを実行する際にモデルクラスが参照されるので、「apps」フォルダー以下の「__init__.py」において、モデルクラスのモジュールmodels.pyのインポート文を記述しておきます。

エクスプローラーで「apps」フォルダー以下の「__init__.py」をダブルクリックして開き、次の1行のコードを入力し、保存します。

▼models.pyのインポート文を記述する (blogproject/apps/__init__.py)

```
import apps.models
```

データベースを初期化してマイグレーションを実行する

データベースにテーブルを作成する手順は、次のとおりです。

・flask db initコマンドでデータベースを初期化
・flask db migrateコマンドでデータベースのマイグレーションファイルを作成
・flask db upgradeコマンドでテーブルを作成

●flask db initコマンドでデータベースの初期化を行う

flask db initコマンドは、データベースの初期化に必要な処理を行います。コマンドの実行後、マイグレーションのための「migrations」フォルダーが、プロジェクトフォルダー「blogproject」の直下に作成されます。

VSCodeの**ターミナル**メニューの**新しいターミナル**を選択して、ターミナルを表示します。作業ディレクトリが

```
(venv_webapp) PS C:\flaskproject\blogproject>
```

のようにプロジェクトフォルダーになっているので、このままの状態で次のように入力して Enter キーを押します。

▼flask db initコマンドの実行

```
flask db init
```

▼コマンド実行後の出力

```
(venv_webapp) PS C:\flaskproject\blogproject> flask db init
Creating directory C:\flaskproject\blogproject\migrations ...  done
Creating directory C:\flaskproject\blogproject\migrations\versions ...  done
Generating C:\flaskproject\blogproject\migrations\alembic.ini ...  done
Generating C:\flaskproject\blogproject\migrations\env.py ...  done
Generating C:\flaskproject\blogproject\migrations\README ...  done
Generating C:\flaskproject\blogproject\migrations\script.py.mako ...  done
Please edit configuration/connection/logging settings in
 'C:\\flaskproject\\ blogproject\\migrations\\alembic.ini' before proceeding.
```


flask db migrateコマンドでマイグレーションファイルを作成する

続いてflask db migrateコマンドを実行します。コマンド実行後、モデルクラスの情報が読み込まれて、「blogproject」➡「migrations」以下の**versions**フォルダーに、マイグレーション用のモジュールが作成されます。同時に、「blogproject」直下にデータベースファイル「blog.sqlite」が作成されます。

▼flask db migrateコマンドの実行

```
flask db migrate
```

▼コマンド実行後の出力

```
(venv_webapp) PS C:\flaskproject\blogproject> flask db migrate
INFO  [alembic.runtime.migration] Context impl SQLiteImpl.
INFO  [alembic.runtime.migration] Will assume non-transactional DDL.
INFO  [alembic.autogenerate.compare] Detected added table 'posted'
Generating C:\flaskproject\blogproject\migrations\versions\918dfe336a0c_.py ...  done
```

■図3.4　flask db migrateコマンドの実行後

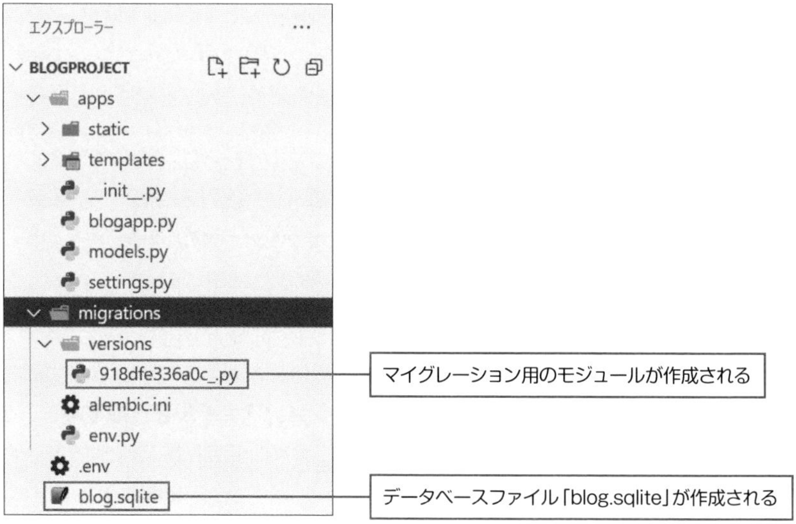

●flask db upgradeを実行してテーブルを作成する

flask db upgradeを実行すると、マイグレーションファイルの内容が読み込まれて、データベースにテーブルが作成されます。

▼flask db upgradeコマンドの実行

```
flask db upgrade
```

▼コマンド実行後の出力

```
(venv_webapp) PS C:\flaskproject\chap02\02_01\blogproject> flask db upgrade
INFO  [alembic.runtime.migration] Context impl SQLiteImpl.
INFO  [alembic.runtime.migration] Will assume non-transactional DDL.
INFO  [alembic.runtime.migration] Running upgrade  -> a7f73f9fa0c8, empty message
```

以上で、データベースにテーブルが作成されます。

「SQLite3 Editor」でデータベースの内容を確認する

VSCodeには、SQLite3を操作するための拡張機能がいくつか用意されています。ここでは、「SQLite3 Editor」をインストールすることにします。

アクティビティバーの**拡張機能**ボタンをクリックして**拡張機能**ビューを表示します。検索欄に「sqlite3」と入力し、検索された「SQLite3 Editor」の**インストール**ボタンをクリックします。

■図3.5 「SQLite3 Editor」のインストール

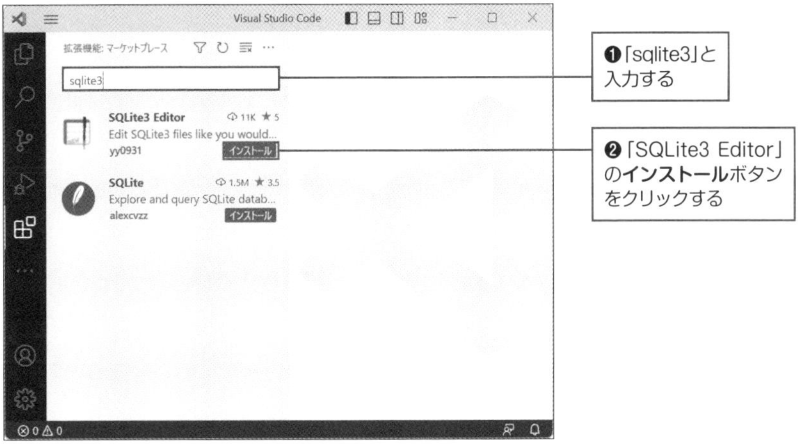

●作成したデータベースのテーブルを確認する

「SQLite3 Editor」のインストールが済んだら、**エクスプローラー**でデータベースファイル「blog.sqlite」を選択します。**エクスプローラー**の下部に**SQLITE3 EDITOR TABLES**タブが表示されるので、クリックして展開し、テーブル名「posted table」をクリックしましょう。

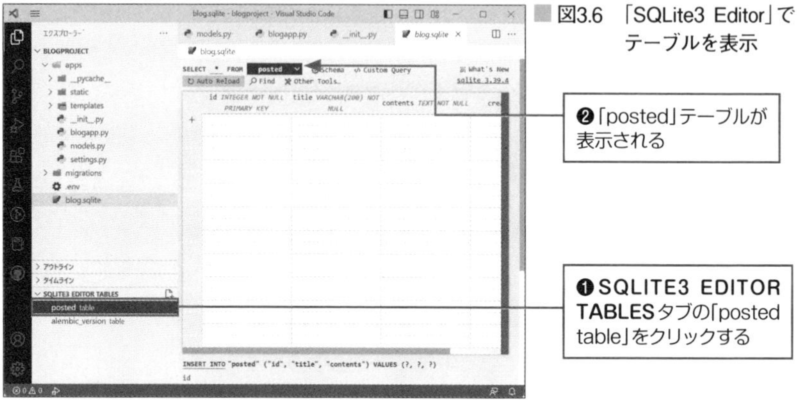
❷「posted」テーブルが表示される
❶SQLITE3 EDITOR TABLESタブの「posted table」をクリックする

図3.6 「SQLite3 Editor」でテーブルを表示

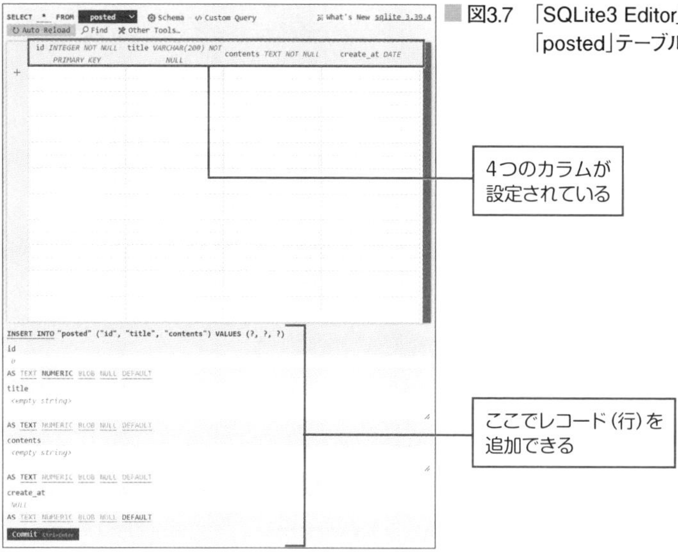
4つのカラムが設定されている
ここでレコード（行）を追加できる

図3.7 「SQLite3 Editor」で表示された「posted」テーブル

テーブルが表形式で表示されています。「id」、「title」、「contents」、「create_at」の4つのカラム（列）が確認できます。テーブルの下部にはレコード（行）の追加用のエリアがあり、4つのカラムに対応する入力欄が表示されています。ここに入力して**Commit**ボタンをクリックすると、1件のレコードの追加が行えます。ここでは確認だけにとどめて、レコードの追加は行わないでおきましょう。

3.3

管理者用レコード追加機能の実装

サイトの管理者のみが記事を投稿できる仕組みを作ります。

データベース操作用の「crud」アプリを作成する

Flaskには、アプリを分割できる「Blueprint（ブループリント）」という機能が搭載されています。Blueprintの機能は次のとおりです。

・メインのルーティングとは別のルーティング情報を追加し、専用のビューを配置できる。
・専用の「templates」フォルダーを配置できる。
・専用の「static」フォルダーを配置できる。

このように、Blueprintを利用することで、ルーティング情報とビュー、テンプレートや静的ファイルの保存場所を、メインのアプリとは別に用意することができます。アプリの規模が大きくなる（アプリの機能が増える）と、1つのモジュールに記述するコードの量が増え、テンプレートの数も多くなり、プロジェクト全体の見通しが悪くなってしまいます。

そこで、開発中のブログアプリでは、データベースの操作（レコードの追加や削除）を行う機能をBlueprintで分割し、crudという名前で実装することにします。

図3.8は、crudアプリ実装後のプロジェクトフォルダーの構成です。「apps」フォルダー以下に「crud」フォルダーを作成し、crudアプリ専用の

・初期化モジュール（__init__.py）
・ビュー（views.py）
・フォームモジュール（forms.py）
・テンプレート用フォルダー「templates」
・静的ファイル用フォルダー「static_crud」

をそれぞれ配置します。

■図3.8　プロジェクトフォルダー「blogproject」の構成

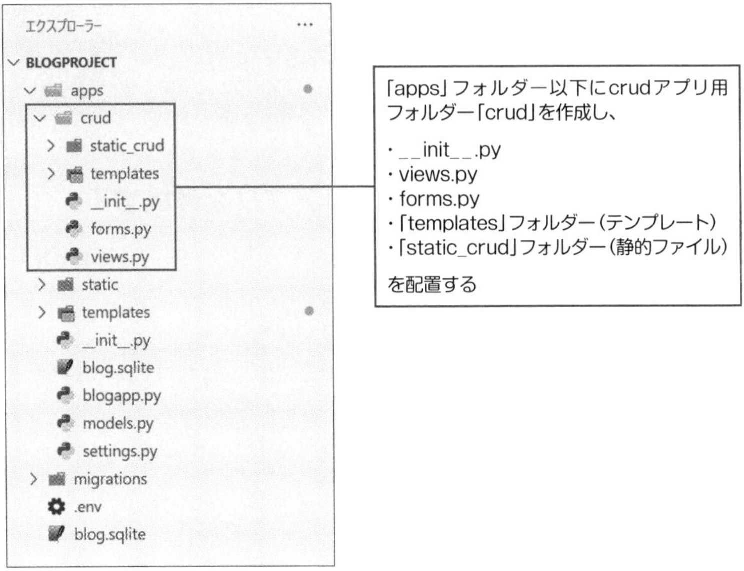

●「crud」フォルダー以下にモジュール、フォルダー一式を作成する

上述のプロジェクトフォルダーの構成に従って、crudアプリに必要なモジュール、フォルダーをまとめて作成します。モジュールはファイルの作成だけを行い、中身は空のままにしておきましょう。

最初に「apps」フォルダー以下に「crud」フォルダーを作成し、内部に次のモジュールとフォルダーを作成します。

・__init__.py
・views.py
・forms.py
・「templates」フォルダー
・「static_crud」フォルダー

図3.9　作成後の状態（「apps」以下の「crud」のみを表示）

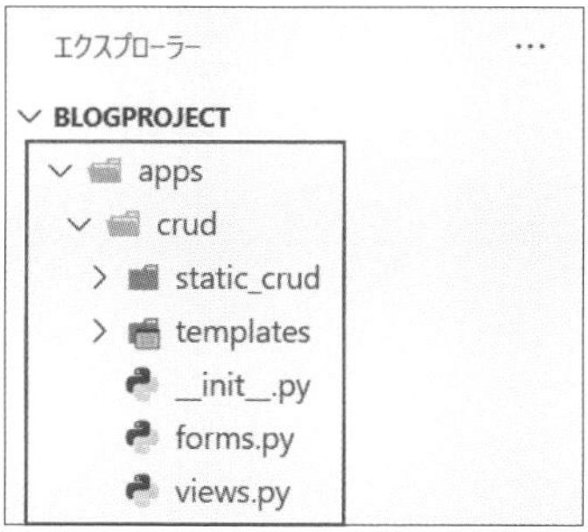

Blueprintを利用してブログアプリからcrudアプリを分割する

Blueprintを利用して、ブログアプリからcrudアプリを分割します。そのためには、次の作業を行います。

・crudアプリ本体（crud/views.py）にBlueprint「crud」を作成する
・ブログアプリ本体（blogapp.py）にBlueprint「crud」を登録する

crudアプリ本体（crud/views.py）にBlueprint「crud」を作成する

エクスプローラーで「apps」フォルダー以下の「crud」を開き、「views.py」をダブルクリックして**エディター**で開きましょう。

「views.py」に、Blueprint「crud」を作成するコードを次のように入力します。

▼Blueprint「crud」を作成する（blogproject/apps/crud/views.py）

```
from flask import Blueprint

# 識別名をcrudにしてBlueprintオブジェクトを生成
#
# テンプレートフォルダーは同じディレクトリの'templates'
# staticフォルダーは同じディレクトリの'static_crud'
crud = Blueprint(
```

```
    'crud',
    __name__,
    template_folder='templates',
    static_folder='static_crud',
    )
```

▼Blueprintクラス

書式	class Blueprint(name, import_name, static_folder = None, static_url_path = None, template_folder = None, url_prefix = None, subdomain = None, url_defaults = None, root_path = None)	
主な パラメーター	name	Blueprintの識別名。
	import_name	Blueprintのパッケージ名。通常は__name__を指定。
	static_folder	静的ファイルの格納場所(オプション)。
	template_folder	テンプレートの格納場所(オプション)。
	url_prefix	BlueprintのURLの先頭に追加するプレフィックス(パス)を指定できる(オプション)。
	subdomain	Blueprintをサブドメインとして使用する場合に指定する(オプション)。

●ブログアプリ(apps/blogapp.py)にBlueprint「crud」を登録する

ブログアプリ本体からBlueprint「crud」を参照できるように、views.pyで生成したBlueprintオブジェクト「crud」を登録します。

エクスプローラーで「apps」フォルダー以下の「blogapp.py」をダブルクリックして**エディター**で開き、Blueprintオブジェクト「crud」を登録するコードを次のように追加します。

▼Blueprint「crud」をFlaskオブジェクトに登録する（blogproject/apps/blogapp.py）

```
"""
初期化処理
"""
from flask import Flask

# Flaskのインスタンスを生成
app = Flask(__name__)

# 設定ファイルを読み込む
app.config.from_pyfile('settings.py')

# SQLAlchemyのインスタンスを生成
from flask_sqlalchemy import SQLAlchemy
db = SQLAlchemy()

# SQLAlchemyオブジェクトにFlaskオブジェクトを登録する
db.init_app(app)

# Migrateオブジェクトを生成して
# FlaskオブジェクトとSQLAlchemyオブジェクトを登録する
from flask_migrate import Migrate
Migrate(app, db)

"""
トップページのルーティング
"""
from flask import render_template

@app.route('/')
def index():
    # index.htmlをレンダリングして返す
    return render_template('index.html')
```

```
"""
ブループリントの登録
"""
# crudアプリのモジュールviews.pyからBlueprint「crud」をインポート
from apps.crud.views import crud

# FlaskオブジェクトにBlueprint「crud」を登録
app.register_blueprint(crud)
```

管理者のみが投稿ページにログインできる仕組みを作る

開発中のブログアプリは、個人用のブログを想定しているので、あらかじめ登録しておいた管理者だけが投稿できる仕組みを作ります。

▼管理者が投稿ページにログインしてブログ記事を投稿する流れ

- settings.pyにおいて、管理者のユーザー名とパスワードを登録しておく。
- crudアプリのビューにおいて、ログイン画面を表示してユーザー名とパスワードをチェックし、認証できた場合は投稿ページにリダイレクトする。
- 投稿ページにおいて、入力されたタイトルと本文をデータベースのテーブルに追加する。

●settings.pyに管理者のユーザー名とパスワードを登録する

「apps」フォルダー以下の「settings.py」を**エディター**で開き、管理者のユーザー名とパスワードをUSERNAME、PASSWORDの値として登録します。

▼管理者のユーザー名とパスワードを登録する (blogproject/apps/settings.py)

```
import os

# モジュールの親ディレクトリのフルパスを取得
basedir = os.path.dirname(os.path.dirname(__file__))
# 親ディレクトリのblog.sqliteをデータベースに設定
SQLALCHEMY_DATABASE_URI = 'sqlite:///' + os.path.join(
                                    basedir, 'blog.sqlite')

# シークレットキーの値として10バイトの文字列をランダムに生成
```

```
SECRET_KEY = os.urandom(10)

# 管理者のユーザー名とパスワード
USERNAME = 'admin'
PASSWORD = 'abcd1234'
```


ログイン画面と投稿ページのビューを作成する

crudアプリのモジュール「views.py」を**エディター**で開いて、ログイン画面と投稿ページのビューを作成しましょう。

▼ログイン画面と投稿ページのビューの作成（blogproject/apps/crud/views.py）

```
from flask import Blueprint

# 識別名をcrudにしてBlueprintオブジェクトを生成
#
# テンプレートフォルダーは同じディレクトリの'templates'
# staticフォルダーは同じディレクトリの'static_crud'
crud = Blueprint(
    'crud',
    __name__,
    template_folder='templates',
    static_folder='static_crud',
    )

"""投稿ページのログイン画面のルーティングとビューの定義
"""
from flask import render_template, url_for, redirect, session
from apps.crud import forms  # apps/crud/forms.pyをインポート ――❶
from apps.blogapp import app # apps/blogapp.pyからappをインポート ―❷

@crud.route('/admincreate', methods=['GET', 'POST']) ――❸
def login(): ――❹
    # フォームクラスAdminFormのインスタンスを生成
    form = forms.AdminForm()
```

```
    # session['logged_in']の値をFalseにする
    session['logged_in'] = False ──────────────────── ❺

    # ログイン画面のsubmitボタンがクリックされたときの処理
    if form.validate_on_submit():
        # ログイン画面に入力されたユーザー名とパスワードを
        # settings.pyのUSERNAMEとPASSWORDの値と照合する
        if form.username.data != app.config['USERNAME'] \
        or form.password.data != app.config['PASSWORD']:
            # 認証できない場合は再度login.htmlをレンダリングして
            # フォームクラスのインスタンスformを引き渡す
            return render_template('login.html', form=form)
        else:
            # 認証できた場合はsession['logged_in']をTrueにして
            # crud.articleにリダイレクトする
            session['logged_in'] = True ──────────────── ❻
            return redirect(url_for('crud.article'))

    # ログイン画面へのアクセスは、login.htmlをレンダリングして
    # AdminFormのインスタンスformを引き渡す
    return render_template('login.html', form=form) ──────── ❼

"""投稿ページのルーティングとビューの定義
"""
from apps import models # apps/models.pyをインポート ──────── ❽
from apps.blogapp import db # apps/blogapp.pyからdbをインポート ── ❾

@crud.route('/post', methods=['GET', 'POST'])
def article():
    # session['logged_in']がTrueでなければ
    # ログイン画面にリダイレクト
    if not session.get('logged_in'): ──────────────────── ❿
        return redirect(url_for('crud.login'))

    # フォームクラスArticlePostのインスタンスを生成
```

```
form_art = forms.ArticlePost()                          ⓫

# 投稿ページのsubmitボタンが押されたときの処理
if form_art.validate_on_submit():                       ⓬
    # モデルクラスBlogpostのインスタンスを生成
    blogpost = models.Blogpost(
        # フォームのpost_titleに入力されたデータを取得して
        # Blogpostのtitleフィールドに格納
        title=form_art.post_title.data,
        # フォームのpost_contentsに入力されたデータを取得して
        # Blogpostのcontentsフィールドに格納
        contents=form_art.post_contents.data,
    )
    # Blogpostオブジェクトをレコードのデータとして
    # データベースのテーブルに追加
    db.session.add(blogpost)
    # データベースを更新
    db.session.commit()
    # session['logged_in']をNoneにする
    session.pop('logged_in', None)                      ⓭
    # 処理完了後、ログイン画面にリダイレクト
    return redirect(url_for('crud.login'))

# 投稿ページへのアクセスは、post.htmlをレンダリングして
# ArticlePostのインスタンスform_artを引き渡す
return render_template('post.html', form=form_art)      ⓮
```


●コード解説(ログイン画面のルーティングとビューの定義)

❶ from apps.crud import forms

「crud」フォルダーのforms.pyをインポートします。forms.pyでは、HTMLのフォームのデータを扱うためのクラスを定義します。

❷ from apps.blogapp import app

ブログアプリのモジュール「blogapp.py」からFlaskオブジェクト（インスタンス）の「app」をインポートします。

❸ @crud.route('/admincreate', methods=['GET', 'POST'])

ログイン画面のルーティング情報です。HTMLのフォームからデータを送信できるように、HTMLのGETメソッドに加えてPOSTメソッドを設定しています。

❹ def login():

ログイン画面のビューを定義します。ビュー内部では、アクセスされたときにログイン画面を表示する処理に加え、内部にifブロックを入れることで、ユーザー認証と投稿ページのビューにリダイレクトする処理を行います。

▼loginビューの構造

フォームデータの送信ボタン(submit)がクリックされたときの処理

```
def login():
    # フォームクラスAdminFormのインスタンスを生成
    form = forms.AdminForm()
    # session['logged_in']の値をFalseにする
    session['logged_in'] = False ―――― ❺

    # ログイン画面のsubmitボタンがクリックされたときの処理
    if form.validate_on_submit():
        # ログイン画面に入力されたユーザー名とパスワードを
        # settings.pyのUSERNAMEとPASSWORDの値と照合する
        if form.username.data != app.config['USERNAME'] \
        or form.password.data != app.config['PASSWORD']:
            # 認証できない場合は再度login.htmlをレンダリングして
            # フォームクラスのインスタンスformを引き渡す
            return render_template('login.html', form=form)
        else:
            # 認証できた場合はsession['logged_in']をTrueにして
            # crud.articleにリダイレクトする
            session['logged_in'] = True ―――― ❻
            return redirect(url_for('crud.article'))
```

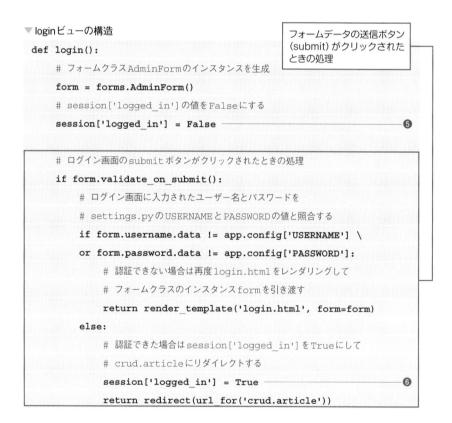

```
    # ログイン画面へのアクセスは、login.htmlをレンダリングして
    # AdminFormのインスタンスformを引き渡す
    return render_template('login.html', form=form)
```


loginビューの

```
form = forms.AdminForm()
```

では、forms.pyで定義するAdminFormクラスのインスタンスを生成しています。HTMLのフォームで入力されたデータを取得する仕組みとして、FlaskFormクラスを継承したAdminFormを使います。

ユーザー認証の仕組みとして、「セッション」という仕組みを使います。ログインの処理を行うには、クライアントとサーバーの間で継続的な処理が可能でなければなりません。しかし、HTTPを用いた通信はステートレス（送りっぱなし）であるため、状態を保持しながらの継続的な通信が行えません。

そこで用いられるのが、セッションの仕組みです。セッションは、「クッキー(Cookie)」を用いたセッション管理の仕組みを利用して、クライアントとサーバーの間で状態を保持しつつ継続的な処理を実現します。クッキー(Cookie)とは、「クライアントとサーバーの間で状態を管理するため、ブラウザーに保持される情報、およびそれを扱う仕組み」のことです。

セッションは、Flaskのsessionをインポートすることで、その仕組みが使えるようになります。❺の

```
session['logged_in'] = False
```

では、sessionの辞書(dict)のキーを'logged_in'に指定し、その値をFalseにしています。session['logged_in']の値はクライアントのクッキーに保存されるので、この値を参照することで「ログイン状態なのか、そうでないのか」を判定するようにします。

```
if form.validate_on_submit():
```

のvalidate_on_submit()は、HTMLのフォームの送信(submit)ボタンがクリックされたときに呼び出されるコールバック関数です。この関数が呼び出されたタイミングで、ログインの処理を行います。

```
if form.username.data != app.config['USERNAME'] \
   or form.password.data != app.config['PASSWORD']:
```

行継文字

において、フォームのusernameに入力されたユーザー名およびpasswordに入力されたパスワードが、settings.pyのUSERNAMEとPASSWORDの値に合致しているかどうかを検証します。settings.pyの環境変数の値は

```
app.config['環境変数名']
```

で取得できます。ここでは「!=」を条件にしているので、ユーザー名とパスワードが一致しない場合は、

```
return render_template('login.html', form=form)
```

で再度、ログインページをレンダリングします。

❻の

```
session['logged_in'] = True
```

は、ユーザー名とパスワードが一致した場合に、session['logged_in']の値をTrueにします。続くreturn文

```
return redirect(url_for('crud.article'))
```

で、投稿ページのビューarticleにリダイレクトします。

❼の

```
return render_template('login.html', form=form)
```

では、ログイン画面へのアクセス時にlogin.htmlをレンダリングします。

●コード解説（投稿ページのルーティングとビューの定義）

❽ from apps import models

「apps」フォルダーのmodels.pyをインポートします。

❾ from apps.blogapp import db

ブログアプリのモジュール「blogapp.py」からデータベースオブジェクト（インスタンス）の「db」をインポートします。

❿ if not session.get('logged_in'):

クライアントのクッキーからsession['logged_in']の値を取得し、Trueでなければ、

```
return redirect(url_for('crud.login'))
```

を実行して、ログイン画面にリダイレクトします。そのため、ブラウザーのアドレス欄で「/post」に直接、アクセスしても、投稿ページの表示は行われません。

⓫ form_art = forms.ArticlePost()

forms.pyで定義するフォームクラスArticlePostのインスタンスを生成します。

⓬ if form_art.validate_on_submit():

投稿ページの送信（submit）ボタンがクリックされたときの処理を行います。

```
blogpost = models.Blogpost(
    title=form_art.post_title.data,
    contents=form_art.post_contents.data,)
```

では、Blogpostのインスタンスを生成し、フォームの

・post_titleに入力されたデータ
・post_contentsに入力されたデータ

をそれぞれBlogpostのtitleフィールドとcontentsフィールドに格納します。

続いて、Blogpostのインスタンスblogpostをレコードのデータとしてテーブルに追加するために

```
db.session.add(blogpost)
```

を実行し、

```
db.session.commit()
```

でデータベースを更新します。これで、投稿ページから送信されたデータが、データベースのテーブルに追加されます。

⓭ session.pop('logged_in', None)

データベースの更新処理が完了したら、session['logged_in']の値をNoneにして、

```
return redirect(url_for('crud.login'))
```

でログイン画面にリダイレクトします。

⓮ return render_template('post.html', form=form_art)

投稿ページへのアクセスに対して、post.htmlをレンダリングします。ただし、冒頭の

```
if not session.get('logged_in'):
```

のチェックをパスした場合のみになります。

クッキー(Cookie)とセッションについて　コラム

本文でも述べたとおり、クッキー(Cookie)とは、「クライアントとサーバーの間で状態を管理するため、ブラウザーに保持される情報、およびそれを扱う仕組み」のことです。Flaskでは、クッキーを直接、クライアントのブラウザーに発行し、暗号化されたID(セッションID)を記録することで、どのクライアントのクッキーなのかを識別します。サーバー上で稼働するアプリから直接、クッキーに値をセットしたり取り出したりできますが、クライアントとの継続的な処理を考えた場合、セッション(session)を使うのがお勧めです。

sessionは、クライアントのブラウザーに保存されているクッキーと同じ情報をサーバー側にも保存するので、ログイン状態を保持しつつ継続的な処理が行えます。

▼sessionにおけるログイン処理の手順

❶クライアントがログインのための操作(リクエスト)をする。
❷サーバーは、ログインのリクエストがあるとセッションIDを発行し、クライアントのクッキーと同じ情報を保持する。例えば

```
session['logged_in'] = True
```

とした場合は、クライアントのクッキーのsession['logged_in']およびサーバー側のsession['logged_in']に、Trueが格納されます。
❸以降は、session['logged_in']がTrueであればログイン状態だと見なして、継続的な処理が行えます。

HTMLのフォームデータを扱うためのクラスを定義する

投稿ページは、HTMLのフォームを使ってデータの入力や送信を行います。そのために必要となる「フォームのデータをプログラム的に受け渡しする」仕組みを、クラスとして定義します。

Flaskには、フォームを操作するためのFlaskFormが用意されています。これをflask_wtfモジュールからインポートし、FlaskFormを継承したサブクラスとして、ログイン画面用のAdminFormクラスおよび投稿ページ用のArticlePostをそれぞれ定義します。

エクスプローラーで、「apps/crud」フォルダー以下に作成した「forms.py」をダブルクリックして**エディター**で開き、次のコードを入力しましょう。

▼フォーム用のクラスAdminForm、ArticlePostの定義（blogproject/apps/crud/forms.py）

```
from flask_wtf import FlaskForm ―――――――――――――――――――――――――― ❶
from wtforms import StringField, PasswordField, SubmitField,
TextAreaField
from wtforms.validators import DataRequired


class AdminForm(FlaskForm): ―――――――――――――――――――――――――――――― ❷
    """ログイン画面のフォームクラス

    Attributes:
        username: ユーザー名
        password: パスワード
        submit: 送信ボタン
    """
    username = StringField(
        "管理者名",
        validators=[DataRequired(message="入力が必要です。")]
    ) ――――――――――――――――――――――――――――――――――――――――――――――― ❸
    password = PasswordField(
        "パスワード",
        validators=[DataRequired(message="入力が必要です。")]
    ) ――――――――――――――――――――――――――――――――――――――――――――――― ❹
    # フォームのsubmitボタン
```

```
    submit = SubmitField(("ログイン")) ―――――――――――――――― ❺

class ArticlePost(FlaskForm): ―――――――――――――――――――――― ❻
    """投稿ページのフォームクラス

    Attributes:
        post_title: タイトル
        post_contents: 本文
        submit: 送信ボタン
    """
    post_title = StringField(
        "タイトル",
        validators=[
            DataRequired(message="入力が必要です。"),]
    ) ―――――――――――――――――――――――――――――――――――――――― ❼

    post_contents = TextAreaField(
        "本文",
        validators=[
            DataRequired(message="入力が必要です。"),]
    ) ―――――――――――――――――――――――――――――――――――――――― ❽
    # フォームのsubmitボタン
    submit = SubmitField(("投稿する")) ―――――――――――――――― ❾
```


●コード解説

❶ from flask_wtf import FlaskForm

Flaskの拡張モジュールflask_wtfからFlaskFormをインポートします。flask_wtfのFlaskFormは、CSRF対策を実装したフォーム用のスーパークラスです。ここでCSRF（クロスサイトリクエストフォージェリ）とは、「問い合わせフォームなどを処理するWebアプリケーションに、本来拒否すべき他サイトからのリクエストを受信して処理するよう仕向ける攻撃」のことです。

❷ class AdminForm(FlaskForm):

FlaskFormを継承したAdminFormクラスの宣言部です。このクラスは、ログイン画面のフォーム用のクラスです。

❸username = StringField("管理者名",
validators=[DataRequired(message="入力が必要です。")])

FlaskFormのフィールド（クラス変数）は、基本的に

```
フィールド名 = フィールドの型('ラベル', validators=[バリデーターのリスト])
```

の形式で定義します。StringFieldは文字列（String）型を表し、HTMLの

```
<input type="text">
```

に相当します。

フォームに入力されたデータをチェックすることを「バリデーション」といい、そのためのメソッドを「バリデーター」と呼びます。validatorsオプションには、このバリデーターを指定します。DataRequired()は、データが入力されているかどうかチェックし、空（未入力）の場合はmessageオプションで指定したテキストをエラーメッセージとして返します。validatorsオプションはリストで設定するので、カンマで区切ることで複数のバリデーターを登録できます。

❹password = PasswordField("パスワード",
validators=[DataRequired(message="入力が必要です。")]

PasswordFieldはパスワード専用の型で、フォームの入力欄に入力されたパスワードを非表示にします。HTMLの

```
<input type="password">
```

に相当します。

❺submit = SubmitField(("ログイン"))

SubmitFieldでは、フォームの送信ボタン（submit）がクリックされたかどうか確認できます。HTMLの

```
<input type="submit">
```

に相当します。

❻class ArticlePost(FlaskForm):

FlaskFormを継承したArticlePostクラスの宣言部です。このクラスは、投稿ページのフォーム用のクラスです。

❼post_title = StringField(
"タイトル", validators=[DataRequired(message="入力が必要です。"),])

投稿ページのタイトルの入力欄のフィールドです。

❽post_contents = TextAreaField(
"本文", validators=[DataRequired(message="入力が必要です。"),])

投稿ページの本文の入力欄のフィールドです。TextAreaField はHTMLの

`<textarea>`

に相当し、複数行の入力に使用できます。

❾submit = SubmitField(("投稿する"))

SubmitFieldにすることで、投稿ページの送信ボタン(submit)がクリックされたかどうか確認できるようにします。

ログイン画面のテンプレートを作成してCSSを設定する

ログイン画面のテンプレートを作成します。**エクスプローラー**で「apps」➡「crud」以下の「templates」フォルダーを右クリックして**新しいファイル**を選択し、「login.html」と入力して Enter キーを押します。

■図3.10 「apps」➡「crud」➡「templates」フォルダーに「login.html」を作成

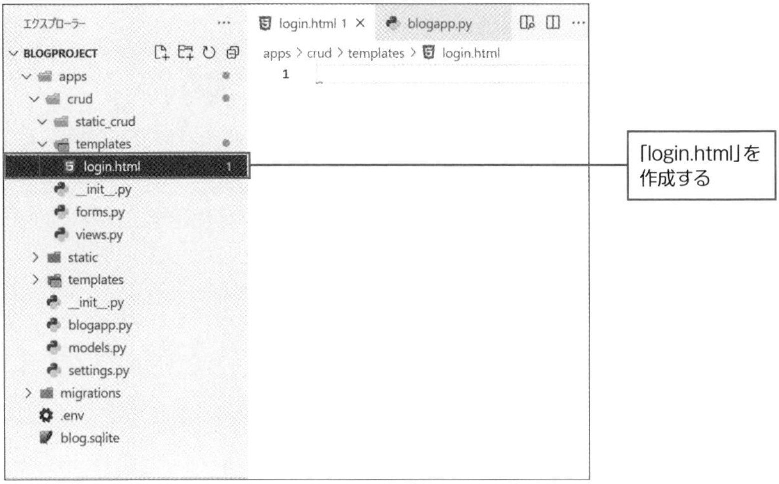

VSCodeには、HTMLの入力を補完する拡張機能「Emmet」(エメット)が標準でインストールされています。HTMLドキュメント上で「!」と入力して Enter キーを押すと、HTMLの定型コードが自動で入力されるので、この操作によって「login.html」に定型コードを入力してください。

続いて、「管理者名とパスワードを入力するフォーム」を配置するコードを入力します。

▼管理者名とパスワードの入力用フォームを配置する
(blogproject/apps/crud/templates/login.html)

```
<!DOCTYPE html>
<html lang="ja">

<head>
    <meta charset="UTF-8">
    <meta http-equiv="X-UA-Compatible" content="IE=edge">
    <meta name="viewport" content="width=device-width,
          initial-scale=1.0">
    <title>Document</title>
    <!-- CSSのリンク先を設定 -->
    <link
        href="{{ url_for('crud.static', filename='/style.css') }}"
        rel="stylesheet" />
</head>

<body>
    <div class="pad">
        <h3>投稿ページにログイン</h3>
        <!-- フォームを配置
            バリデーションはflask_wtfで行うので
            novalidateを設定してHTMLのバリデーションを無効にする -->
        <form
            action="{{url_for('crud.login')}}"
            method="POST"
            novalidate="novalidate"> ―――― ❶
            <!-- CSRF対策機能を有効にする -->
            {{form.csrf_token}} ―――― ❷
            <p>
                <!-- usernameに設定されているラベルを表示 -->
                {{form.username.label}} ―――― ❸
                <!-- usernameの入力欄を配置 -->
                {{form.username(placeholder="ユーザー名")}} ―――― ❹
```

```
                <!-- バリデーションにおけるエラーメッセージを
                     抽出し、出力する -->
                {% for error in form.username.errors %} ――――❺
                <span style="color:red">{{ error }}</span>
                {% endfor %}
            </p>
            <p>
                <!-- passwordに設定されているラベルを表示 -->
                {{form.password.label}}
                <!-- passwordの入力欄を配置 -->
                {{form.password(placeholder="パスワード")}}

                <!-- バリデーションにおけるエラーメッセージを
                     抽出し、出力する -->
                {% for error in form.password.errors %}
                <span style="color:red">{{ error }}</span>
                {% endfor %}
            </p>
            <p>
                <!-- 送信ボタンを配置 -->
                {{form.submit()}} ――――――――――――――――❻
            </p>
        </form>
    </div>
</body>

</html>
```

●コード解説

❶<form action="{{url_for('crud.login')}}" method="POST" novalidate="novalidate">

<form>タグのaction属性にloginビューを設定し、method属性に"POST"を設定しています。HTMLのバリデーションは使用しないので、novalidate属性に"novalidate"を設定しています。

❷ {{form.csrf_token}}

flask_wtf.FlaskFormに実装されているCSRF対策機能を有効にします。

❸ {{form.username.label}}

フォームクラスAdminFormのusernameフィールド

```
username = StringField(
    "管理者名", validators=[DataRequired(message="入力が必要です。")])
```

において設定したラベル「管理者名」を出力します。ドキュメントがレンダリングされた際は、

```
<label for="username">管理者名</label>
```

が出力されます。

❹ {{form.username(placeholder="ユーザー名")}}

usernameフィールドはStringFieldなので、単一行のテキスト入力欄が表示されます。ドキュメントがレンダリングされた際は、

```
<input id="username" name="username"
      placeholder="ユーザー名" required="" type="text" value="">
```

が出力されます。

❺ {% for error in form.username.errors %}

バリデーションが行われた結果としてエラーが発生すると、form.username.errorsにリスト形式でエラーメッセージが格納されます。ここでは、form.username.errorsから要素を1個ずつ取り出して、

```
<span style="color:red">{{ error }}</span>
```

で出力するようにしています。Flaskにおいて、テンプレートにforやifなどの制御文を記述する場合は、

```
{% for ○○ %} 処理 {% endfor %}
```

のように、{% %}の中に記述します。

❻ {{form.submit()}}

フォームクラスAdminFormのsubmitフィールド

```
submit = SubmitField(("ログイン"))
```

において設定した送信ボタンを出力します。ドキュメントがレンダリングされた際は、

```
<input id="submit" name="submit" type="submit" value="ログイン">
```

が出力されます。

● CSSの作成

ログイン画面のテンプレート「login.html」に適用するCSSを作成します。**エクスプローラー**で「apps」➡「crud」以下の「static_crud」フォルダーを右クリックして**新しいファイル**を選択し、「style.css」と入力して Enter キーを押します。

■図3.11 「apps」➡「crud」➡「static_crud」フォルダーに「style.css」を作成

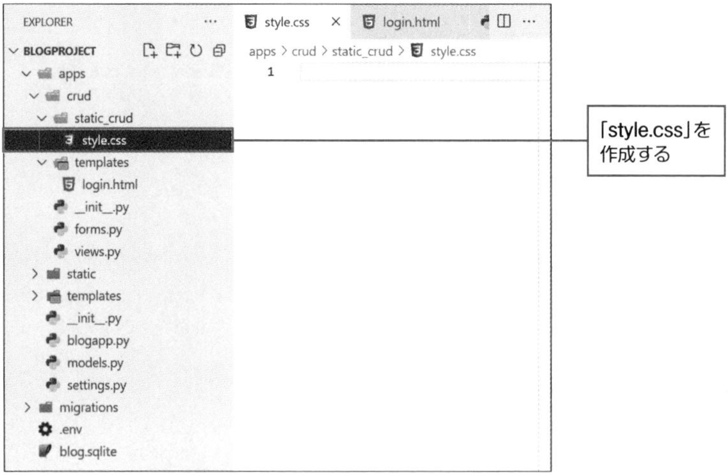

作成した「style.css」を**エディター**で開いて、次のように入力して保存しておきましょう。

▼ログイン画面のテンプレートに適用するCSSを作成
(blogproject/apps/crud/static_crud/style.css)

```
.pad {
    background-color: lavender;
    border: solid 2px;
    padding-top: 30px;
    padding-bottom: 50px;
    padding-left: 100px;
    margin-top: 50px;
    margin-right: 70px;
    margin-left: 70px;
}

table th {
    padding: 5px 10px;
}

table td {
    padding: 5px 10px;
}

th,
td {
    border: solid 1px #aaaaaa;
}
```

投稿ページのテンプレートを作成する

投稿ページのテンプレートを作成します。**エクスプローラー**で「apps」➡「crud」➡「templates」フォルダーを右クリックして**新しいファイル**を選択し、「post.html」と入力して Enter キーを押します。

■図3.12 「apps」➡「crud」➡「templates」フォルダーに「post.html」を作成

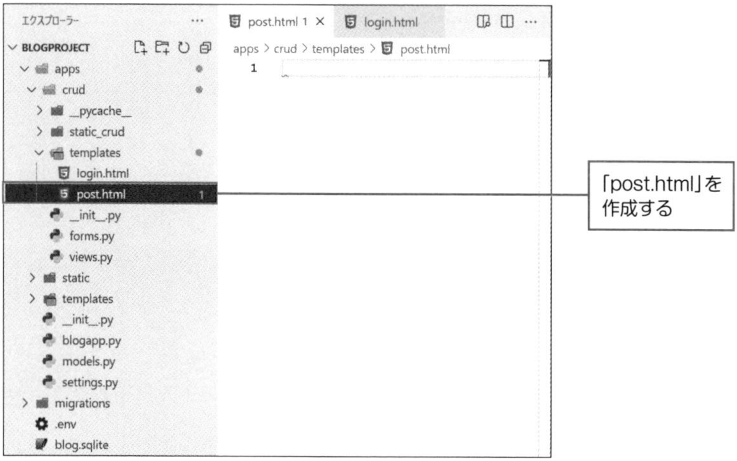

HTMLドキュメント上で「!」と入力して Enter キーを押し、HTMLの定型コードを入力してください。

続いて、「ブログのタイトルと本文を入力するフォーム」を配置するコードを入力します。

▼ブログのタイトルと本文の入力用フォームを配置する
(blogproject/apps/crud/templates/post.html)

```
<!DOCTYPE html>
<html lang="ja">

<head>
    <meta charset="UTF-8">
```

```
    <meta http-equiv="X-UA-Compatible" content="IE=edge">
    <meta name="viewport" content="width=device-width, initial-scale=1.0">
    <title>Document</title>
    <!-- CSSのリンク先を設定 -->
    <link
        href="{{ url_for('crud.static', filename='/style.css') }}"
        rel="stylesheet" />
</head>

<body>
    <div class="pad">
        <h2>投稿</h2>
        <p>
            タイトルと本文を入力して[投稿する]をクリックしてください。
        </p>
        <br>
        <!-- フォームを配置
            バリデーションはflask_wtfで行うので
            novalidateを設定してHTMLのバリデーションを無効にする -->
        <form
            action="{{url_for('crud.login')}}"
            method="POST"
            novalidate="novalidate">
            <!-- CSRF対策機能を有効にする -->
            {{form.csrf_token}}
            <p>
                <!-- post_titleに設定されているラベルを表示 -->
                {{form.post_title.label}}
                <!-- post_titleの入力欄を配置 -->
                {{form.post_title(placeholder="タイトルを入力")}}
                <!-- バリデーションにおけるエラーメッセージを抽出、出力 -->
                {% for error in form.post_title.errors %}
                <span style="color:red">{{ error }}</span>
                {% endfor %}
            </p>
            <p>
```

```
                <!-- post_contentsに設定されているラベルを表示 -->
                {{form.post_contents.label}}
                <!-- post_contentsの入力欄を配置 -->
                {{form.post_contents(placeholder="本文を入力")}}
                <!-- バリデーションにおけるエラーメッセージを抽出、出力 -->
                {% for error in form.post_contents.errors %}
                <span style="color:red">{{ error }}</span>
                {% endfor %}
            </p>
            <!-- Divider-->
            <hr>
            <p>
                <!-- 送信ボタンを配置 -->
                {{form.submit()}}
            </p>
        </form>
        <!-- ログインページへのリンク -->
        <a href="{{ url_for('crud.login') }}">投稿をやめる</a>
    </div>
</body>

</html>
```

投稿ページにログインしてブログ記事を投稿する

ログイン画面から投稿ページを表示し、ブログ記事を投稿する仕組みが完成したので、実際にブログ記事を投稿してみましょう。

VSCodeの**ターミナル**で

```
flask run
```

を実行して開発サーバーを起動します。ブラウザーのアドレス欄にログイン画面のURLである

```
http://127.0.0.1:5000/admincreate
```

を入力します。

ログイン画面が表示されたら、settings.pyに登録した管理者名とパスワードを入力して、**ログイン**ボタンをクリックしましょう。

■図3.13　ログイン画面（http://127.0.0.1:5000/admincreate）

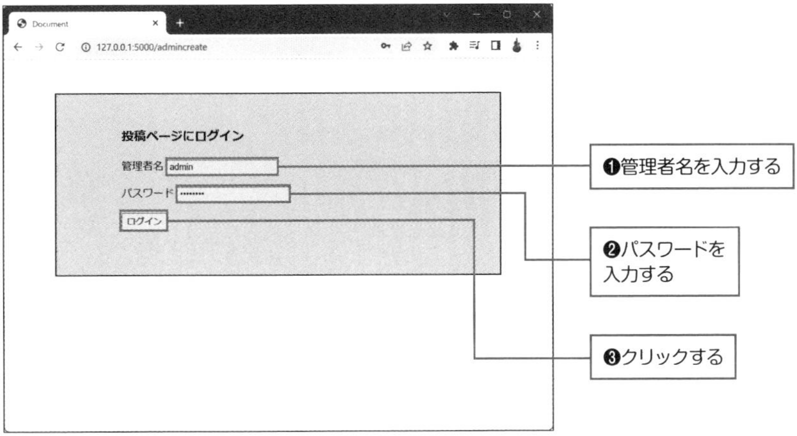

投稿ページが表示されます。タイトルと本文を入力して、**投稿する**ボタンをクリックしましょう。

■図3.14　投稿ページ

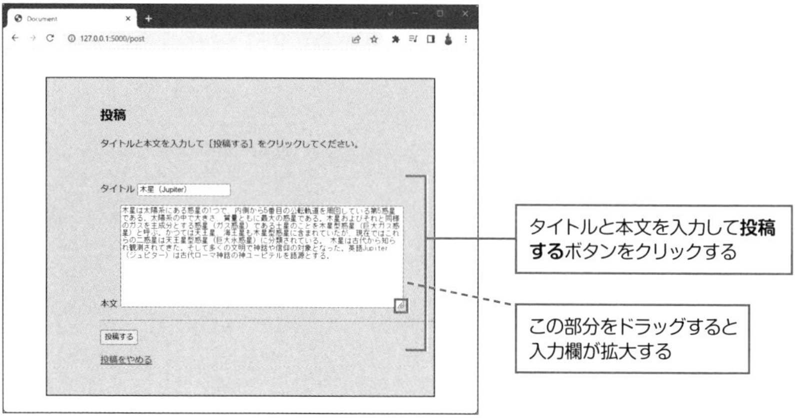

投稿が完了すると、再びログイン画面に戻ります。VSCodeの「SQLite3 Editor」で確認してみましょう。

エクスプローラーで「blog.sqlite」を選択し、**SQLITE3 EDITOR TABLES**タブの「posted table」をクリックしましょう。

■図3.15　「SQLite3 Editor」でテーブルの内容を確認する

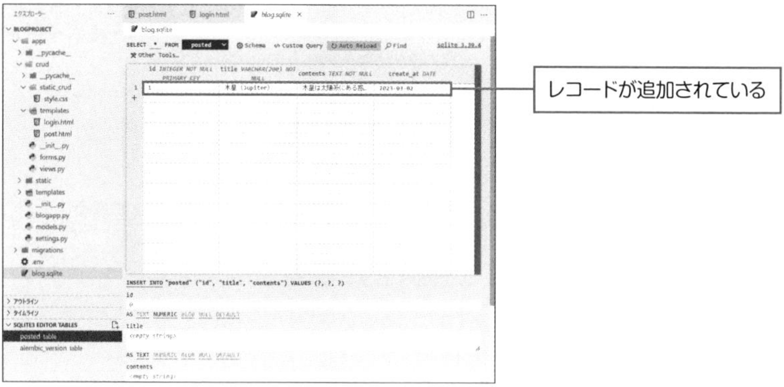

「id」、「title」、「contents」、「create_at」の各カラムのデータを持つレコードが1件、追加されていることが確認できます。

3.4

管理者用のレコード削除機能の実装

「ブログアプリの管理者が投稿記事のレコードを削除する」機能を実装します。実装にあたっては次の作業を行います。
・削除ページログイン画面のルーティングとビューの作成
・削除ページのルーティングとビューの作成
・削除処理専用のルーティングとビューの作成
・削除ページログイン画面のテンプレートの作成
・削除ページのテンプレートの作成

ログイン画面、削除ページのルーティングとビューの作成

「crud」アプリのモジュール「views.py」に、

・削除ページのログイン画面のルーティングとlogin_delビュー
・削除ページのルーティングとdelete_entryビュー
・削除処理専用のルーティングとdeleteビュー

を追加します。

エクスプローラーで「apps」➡「crud」➡「views.py」をダブルクリックして**エディター**で開きます。

■図3.16 「views.py」を［エディター］で開く

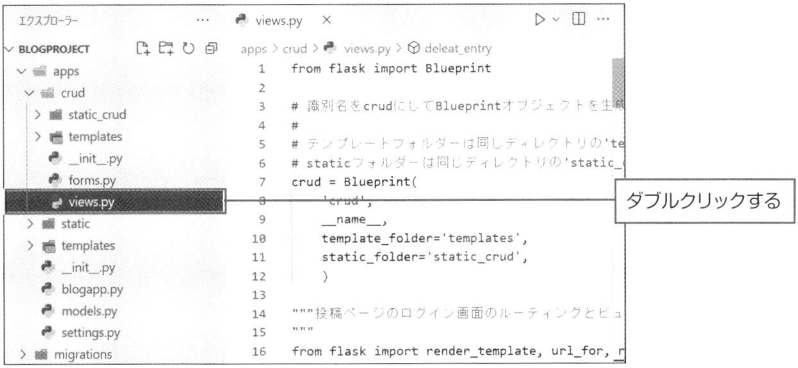

「views.py」に以下のコードを追加します。

▼ルーティング、ビューの定義コードの追加(blogproject/apps/crud/views.py)

```
from flask import Blueprint

# 識別名をcrudにしてBlueprintオブジェクトを生成
#
# テンプレートフォルダーは同じディレクトリの'templates'
# staticフォルダーは同じディレクトリの'static_crud'
crud = Blueprint(
    'crud',
    __name__,
    template_folder='templates',
    static_folder='static_crud',
    )

"""投稿ページのログイン画面のルーティングとビューの定義
"""
from flask import render_template, url_for, redirect, session
from apps.crud import forms  # apps/crud/forms.pyをインポート
from apps.blogapp import app # apps/blogapp.pyからappをインポート

@crud.route('/admincreate', methods=['GET', 'POST'])
def login():
    ......内容省略......

"""投稿ページのルーティングとビューの定義
"""
from apps import models # apps/models.pyをインポート
from apps.blogapp import db # apps/blogapp.pyからdbをインポート

@crud.route('/post', methods=['GET', 'POST'])
def article():
        ......内容省略......
```

```
"""削除ページログイン画面のルーティングとビューの定義
"""
@crud.route('/admindelete', methods=['GET', 'POST'])
def login_del(): ――――――――――――――――――――――――――――― ❶
    # フォームクラスAdminFormのインスタンスを生成
    form = forms.AdminForm()
    # session['logged_in']をFalseにする
    session['logged_in'] = False

    # 削除ページログイン画面のsubmitボタンがクリックされたときの処理
    if form.validate_on_submit():
        # 入力されたユーザー名とパスワードを
        # settings.pyのUSERNAMEとPASSWORDの値と照合する
        if form.username.data != app.config['USERNAME'] \
        or form.password.data != app.config['PASSWORD']:
            # 認証できない場合は再度login_delete.htmlをレンダリングして
            # フォームクラスのインスタンスformを引き渡す
            return render_template('login_delete.html', form=form) ―― ❷
        else:
            # 認証できた場合はsession['logged_in']をTrueにして
            # crud.delete_entryにリダイレクトする
            session['logged_in'] = True
            return redirect(url_for('crud.delete_entry')) ――――― ❸

    # 削除ページログイン画面へのアクセスは、login_delete.htmlを
    # レンダリングしてAdminFormのインスタンスformを引き渡す
    return render_template('login_delete.html', form=form) ――――― ❹

"""削除ページのルーティングとビューの定義
"""
from sqlalchemy import select

@crud.route('/delete', methods=['GET', 'POST'])
def delete_entry(): ――――――――――――――――――――――――――― ❺
```

3
データベースを用意する

```
    # session['logged_in']がTrueでなければ
    # 削除ページログイン画面にリダイレクト
    if not session.get('logged_in'):
        return redirect(url_for('crud.login_del'))

    # データベースのクエリ(要求)を作成
    # レコードを全件取得してid値の降順で並べ替える
    stmt = select(
        models.Blogpost).order_by(models.Blogpost.id.desc()) ──❻
    # データベースにクエリを発行して結果を取得する
    entries = db.session.execute(stmt).scalars().all() ──❼
    # entriesを引数にしてdelete.htmlをレンダリングする
    return render_template('delete.html', entries=entries)

"""テーブルからレコードを削除する機能のルーティングとビューの定義

削除ページ(delete.html)の削除用リンクからのみ呼ばれる
"""
@crud.route('/delete/<int:id>') ──❽
def delete(id): ──❾
    # 渡されたidのレコードをデータベースから取得
    entry = db.session.get(models.Blogpost, id) ──❿
    # データベースのインスタンスからsession.delete()を実行し、
    # 引数に指定したレコードを削除する
    db.session.delete(entry) ──⓫
    # 削除した結果をデータベースに反映する
    db.session.commit()
    # session['logged_in']をNoneにする
    session.pop('logged_in', None)
    # 削除ページログイン画面にリダイレクト
    return redirect(url_for('crud.login_del')) ──⓬
```

●コード解説（削除ページログイン画面のルーティングとビューの定義）

❶ def login_del():

削除ページログイン画面のビューの宣言部です。「/admindelete」へのアクセス時に実行されます。

❷ return render_template('login_delete.html', form=form)

ifブロックにおいてユーザー名とパスワードが照合され、認証できなかった場合は「form=form」を第2引数に設定してlogin_delete.htmlをレンダリングし、再度、削除ページログイン画面を表示します。

❸ return redirect(url_for('crud.delete_entry'))

認証エラーが発生しなかった（認証された）場合は、

```
session['logged_in']= True
```

を実行後、❺のdelete_entryビューにリダイレクトします。

❹ render_template('login_delete.html', form=form)

削除ページログイン画面へのアクセス時は、「form=form」を第2引数に設定してlogin_delete.htmlをレンダリングします。

●コード解説（削除ページのルーティングとビューの定義）

❺ def delete_entry():

削除ページログイン画面においてユーザー名とパスワードが認証された場合は、❸の処理においてdelete_entryビューが実行されます。

❻ stmt = select(models.Blogpost).order_by(models.Blogpost.id.desc())

モデルクラスBlogpostを通じてpostedテーブルのレコードをid値の降順で並べ替える、というクエリ（データベースへの要求）を作成します。

❼ entries = db.session.execute(stmt).scalars().all()

❻で作成したクエリをデータベースに発行し、クエリによって得られたレコードを全件取得します。

●コード解説(レコード削除を行う機能のルーティングとビューの定義)

❽ @crud.route('/delete/<int:id>')

レコードの削除を行うdeleteビューのルーティングを定義しています。削除ページのテンプレート(delete.html)には、投稿記事を削除するためのリンクとして

```
<a href="{{ url_for('crud.delete', id=entry.id )}}">削除</a>
```

が配置されていて、削除対象のレコードのidがルーティングのURLである

```
/entries/<int:id>
```

の<int:id>の部分に引き渡されます。idが1の場合のURLは

```
/entries/1
```

のようになります。

❾ def delete(id):

deleteビューの宣言部です。パラメーターidで❽の<int:id>の値を取得します。

❿ entry = db.session.get(models.Blogpost, id)

postedテーブルのidカラムの値がパラメーターidに一致するレコードを抽出します。

⓫ db.session.delete(entry)

❿で抽出したレコードをテーブルから削除します。

⓬ return redirect(url_for('crud.login_del'))

処理完了後、削除ページログイン画面にリダイレクトします。

削除ページログイン画面のテンプレートを作成

削除ページログイン画面のテンプレートを作成します。**エクスプローラー**で「apps」➡「crud」➡「templates」フォルダーを右クリックして**新しいファイル**を選択し、「login_delete.html」と入力して Enter キーを押します。

■図3.17 「apps」➡「crud」➡「templates」フォルダーに「login_delete.html」を作成

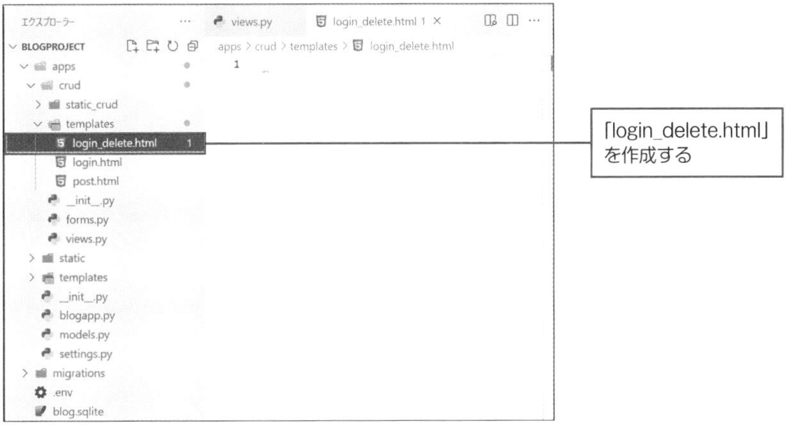

HTMLドキュメント上で「!」と入力して Enter キーを押し、HTMLの定型コードを入力してください。

続いて、「管理者名とパスワードを入力するフォーム」を配置するコードを入力します。フォームクラスAdminFormと連携しますので、タイトル以外は、投稿ページのログイン画面と同じです。

▼削除ページログイン画面のテンプレート
(blogproject/apps/crud/templates/login_delete.html)

```
<!DOCTYPE html>
<html lang="ja">

<head>
    <meta charset="UTF-8">
```

```
    <meta http-equiv="X-UA-Compatible" content="IE=edge">
    <meta name="viewport"
          content="width=device-width, initial-scale=1.0">
    <title>Document</title>
    <!-- CSSのリンク先を設定 -->
    <link
        href="{{ url_for('crud.static', filename='/style.css') }}"
        rel="stylesheet" />
</head>

<body>
    <div class="pad">
        <h3>投稿記事の削除ページにログイン</h3>
        <!-- フォームを配置
            バリデーションはflask_wtfで行うので
            novalidateを設定してHTMLのバリデーションを無効にする -->
        <form
            action="{{url_for('crud.login_del')}}"
            method="POST"
            novalidate="novalidate">
            <!-- CSRF対策機能を有効にする -->
            {{form.csrf_token}}
            <p>
                <!-- usernameに設定されているラベルを表示 -->
                {{form.username.label}}
                <!-- usernameの入力欄を配置 -->
                {{form.username(placeholder="ユーザー名")}}

                <!-- バリデーションにおけるエラーメッセージを
                    抽出し、出力する -->
                {% for error in form.username.errors %}
                <span style="color:red">{{ error }}</span>
                {% endfor %}
            </p>
```

```
            <p>
                <!-- passwordに設定されているラベルを表示 -->
                {{form.password.label}}
                <!-- passwordの入力欄を配置 -->
                {{form.password(placeholder="パスワード")}}

                <!-- バリデーションにおけるエラーメッセージを
                     抽出し、出力する-->
                {% for error in form.password.errors %}
                <span style="color:red">{{ error }}</span>
                {% endfor %}
            </p>
            <p>
                <!-- 送信ボタンを配置 -->
                {{form.submit()}}
            </p>
        </form>
    </div>
</body>

</html>
```

削除ページのテンプレートを作成

削除ページのテンプレートを作成します。**エクスプローラー**で「apps」➡「crud」➡「templates」フォルダーを右クリックして**新しいファイル**を選択し、「delete.html」と入力して Enter キーを押します。

■図3.18 「apps」➡「crud」➡「templates」フォルダーに「delete.html」を作成

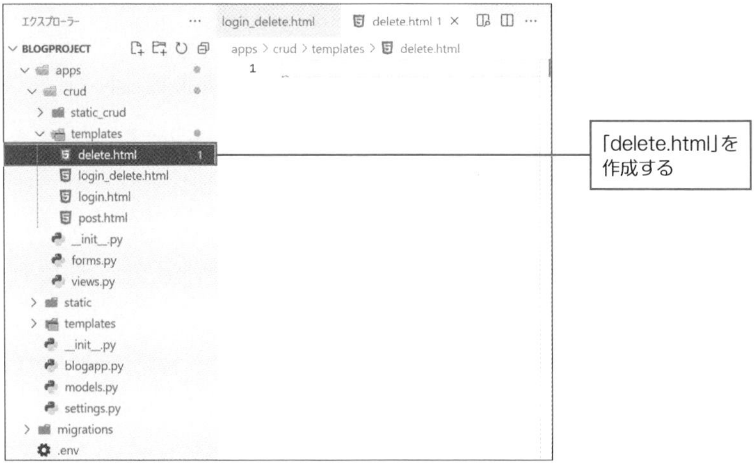

HTMLドキュメント上で「!」と入力して Enter キーを押し、HTMLの定型コードを入力してください。

続いて、削除ページとするためのコードを入力します。削除ページでは、<table>タグを使ってテーブルにidとタイトルを表示し、削除用のリンクを配置します。

▼削除ページのテンプレート
(blogproject/apps/crud/templates/delete.html)

```
<!DOCTYPE html>
<html lang="ja">

<head>
    <meta charset="UTF-8">
    <meta http-equiv="X-UA-Compatible" content="IE=edge">
    <meta name="viewport" content="width=device-width, initial-scale=1.0">
```

```
    <title>Document</title>
    <!-- CSSのリンク先を設定 -->
    <link
        href="{{ url_for('crud.static', filename='/style.css') }}"
        rel="stylesheet" />
</head>

<body>
    <div class="pad">
        <h2>投稿記事の削除</h2>
        <p>
            削除する記事の[削除]をクリックしてください。
        </p>
        <!-- 削除ページログイン画面へのリンク -->
        <a href="{{ url_for('crud.login_del') }}">削除をやめる</a>
        <br><br>
        <!-- テーブルを配置 -->
        <table>
            <tr>
                <th>id</th>
                <th>タイトル</th>
                <th>削除</th>
            </tr>
            <!-- レコードを1件ずつ取り出す -->
            {% for entry in entries %}
            <tr>
                <!-- idを表示 -->
                <td>{{entry.id}}</td>
                <!-- タイトルを表示 -->
                <td>{{entry.title}}</td>
                <td>
                    <!-- deleteビューへのリンク
                         処理中のレコードのidを引き渡す --> ――❶
      <a href="{{ url_for('crud.delete', id=entry.id )}}">削除</a>
                </td>
```

```
                </tr>
                {% endfor %}
            </table>
        </div>
</body>

</html>
```

●コード解説

❶<a href="{{ url_for('crud.delete', id=entry.id)}}">削除</a>

url_for()でdeleteビューへのリンクを設定しています。このとき、id=entry.idで処理中のレコードのidを引き渡すようにしています。deleteビューのルーティングでは、'/delete/<int:id>'の<int:id>にidの整数値が引き渡されるので、これをdef delete(id):のパラメーターidで取得し、レコードの削除処理を行います。

▼deleteビュー

```
@crud.route('/delete/<int:id>')
def delete(id):
    # 渡されたidのレコードをデータベースから取得
    entry = db.session.get(models.Blogpost, id)
    # データベースのインスタンスからsession.delete()を実行し、
    # 引数に指定したレコードを削除する
    db.session.delete(entry)
    # 削除した結果をデータベースに反映する
    db.session.commit()
    # session['logged_in']をNoneにする
    session.pop('logged_in', None)
    # 削除ページログイン画面にリダイレクト
    return redirect(url_for('crud.login_del'))
```

削除ページを表示して投稿記事を削除してみる

投稿記事を削除する仕組みが完成したので、実際に削除ページのログイン画面から削除ページを表示し、投稿済みの記事を削除してみましょう。

VSCodeの**ターミナル**で

```
flask run
```

を実行して開発サーバーを起動します。ブラウザーのアドレス欄に削除ページのログイン画面のURLである

```
http://127.0.0.1:5000/admindelete
```

を入力します。

削除ページのログイン画面が表示されたら、settings.pyに登録した管理者名とパスワードを入力して、**ログイン**ボタンをクリックしましょう。

■図3.19　削除ページのログイン画面（http://127.0.0.1:5000/admindelete）

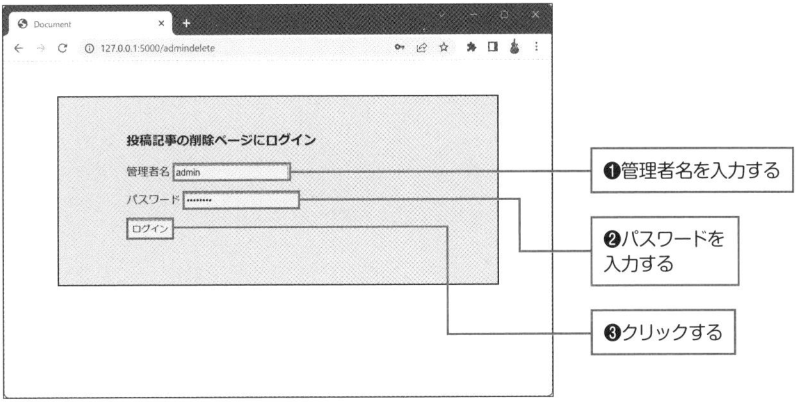

削除ページが表示されます。図3.20は、7件の記事が投稿されている例です。ここで、idが7の記事の「削除」をクリックします。

図3.20　削除ページ

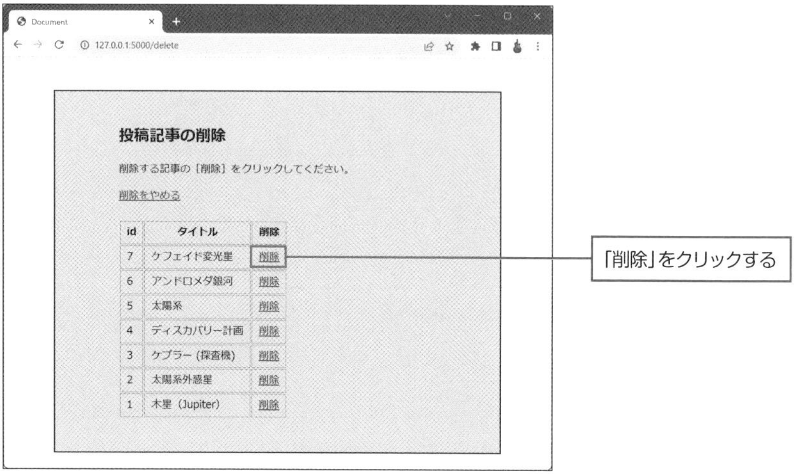

投稿記事を削除すると、再び削除ページのログイン画面に戻ります。VSCodeの「SQLite3 Editor」でテーブルを確認してみましょう。

エクスプローラーで「blog.sqlite」を選択し、**SQLITE3 EDITOR TABLES**タブの「posted table」をクリックしましょう。レコードが1件、削除されていることが確認できます。

図3.21　「SQLite3 Editor」でテーブルの内容を確認する

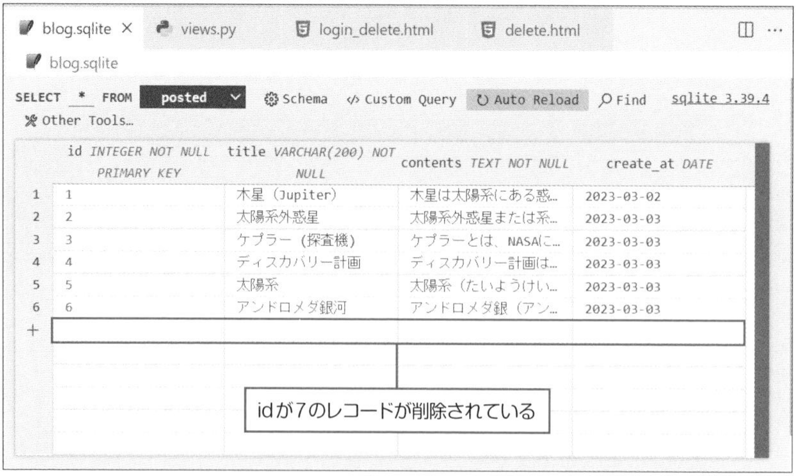

第4章

データベースと連携する

4.1

ベーステンプレートを作成する

開発中のブログアプリで公開するページとしては、現在のところトップページがあるだけなので、ブログ記事の詳細ページなどを追加していく必要があります。追加するページにもトップページと同様に、ナビゲーションバーを配置し、ページのフッターを配置します。

このような場合に備えて、「共通して利用する要素をまとめたテンプレート（ベーステンプレート）を作成しておき、各ページで読み込んで使う」ための仕組みが用意されています。

ベーステンプレートを作成する（base.html）

ベーステンプレートは、

・ベーステンプレートとしてのHTMLドキュメントを作成
・ベーステンプレートを各ページで読み込む

という手順で実装します。

さっそく、ベーステンプレートの作成から取りかかることにしましょう。ベーステンプレートに必要な情報のすべては、トップページのテンプレート（index.html）にまとめられているので、これをコピーしてベーステンプレートとして使うことにしましょう。

エクスプローラーでプロジェクトフォルダー以下の「apps」➡「templates」フォルダーを展開し、「index.html」を右クリックして**コピー**を選択します。

■図4.1 「index.html」のコピー

続いて「templates」フォルダーを右クリックし、**貼り付け**を選択します。

■図4.2 「index.html」のコピーを「templates」フォルダーに貼り付け

「index copy.html」という名前で貼り付けられるので、これを右クリックして**名前の変更**を選択します。

■図4.3　ファイル名の変更

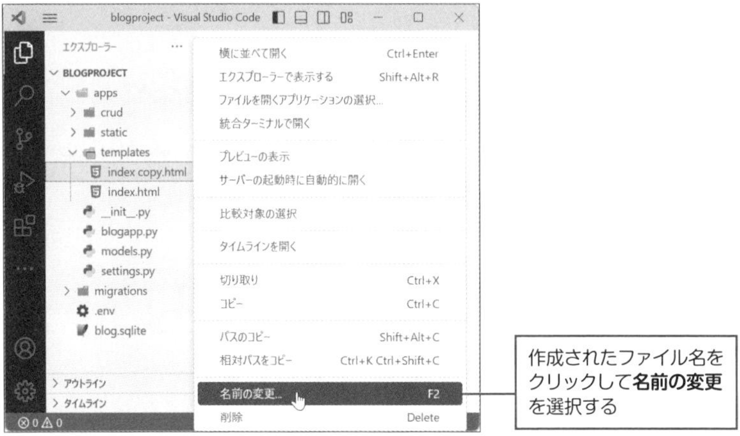

ファイル名を「base.html」に書き換えて Enter キーを押します。

■図4.4　ファイル名を「base.html」に書き換え

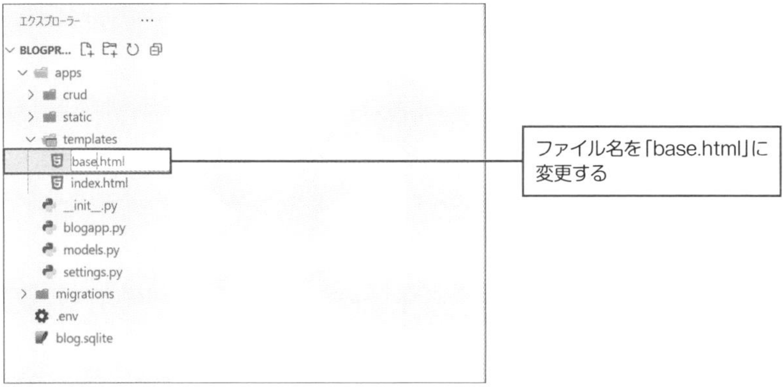

「base.html」をダブルクリックして、**エディター**で開きましょう。

図4.5 「base.html」を［エディター］で開く

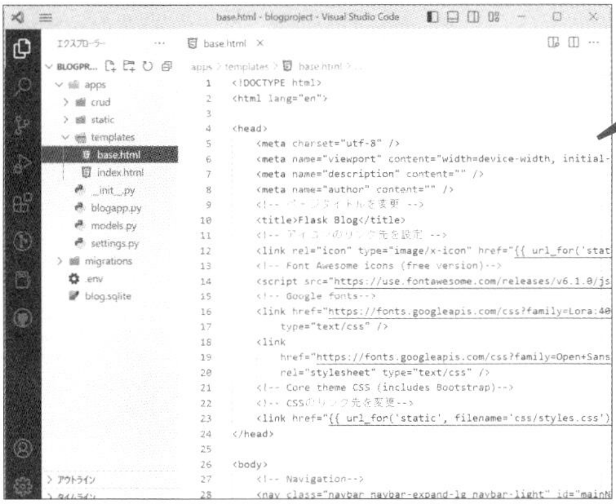
「base.html」を
エディターで
開きましょう。

ページのヘッダー情報（<head>～</head>）の一部書き換え

ヘッダー情報を設定する<head>～</head>の中で、ページタイトルを設定する<title>タグの要素（ページタイトルのテキスト）を、ベーステンプレートを用いるページ側で設定できるように、テンプレートタグblock～を{%～%}に埋め込んだものに書き換えます。

▼書き換え後の<title>タグ

```
<title>{% block title %}{% endblock %}</title>
```

ナビゲーション（<body>の<nav>～</nav>ブロック）の一部を削除

ページ上部のナビゲーションについては、ベーステンプレートを用いるページで共通して使います。<body>タグ以下のナビゲーションのブロック（コメント<!-- Navigation -->に続く<nav>～</nav>の範囲）にあるメニューアイテム「About」と「Sample Post」の<li>～</li>を削除します。

ページのヘッダーの変更

ページのヘッダー部分は、ベーステンプレートを用いるページ側で独自に設定できるようにしましょう。<body>タグのヘッダーのブロック（コメント<!-- Page Header -->に続く<header>～</header>の範囲）をブロックごと削除し、次のようにテンプレートタグblock～を{%～%}に埋め込んで配置します。

▼<header>～</header>のブロックを削除してテンプレートタグを配置

```
<!-- Page Header-->
<!-- <header>～</header>を削除 -->
<!-- ページのヘッダーはベーステンプレートを使用するページで設定する -->
{% block header %}{% endblock %}
```

●メインコンテンツの変更

メインコンテンツも、ベーステンプレートを用いるページ側で独自に設定できるようにします。<body>のコメント<!-- Main Content -->に続く<div class="container">～</div>の範囲(コメント<!-- Footer-->の直前まで)を削除し、次のようにテンプレートタグblock～を配置します。

▼<div class="container">～</div>のブロックを削除してテンプレートタグを配置

```
<!-- Main Content-->
<!-- メインコンテンツの<div>～</div>を削除 -->
<!-- メインコンテンツはベーステンプレートを使用するページで設定する -->
{% block contents %}{% endblock %}
```

●ページのフッター<footer>～</footer>はそのまま

ページ下部のフッターは、ベーステンプレートを用いるページで共通して使います。そのため、コメント<!-- Footer-->に続く<footer>～</footer>のブロックはそのままにしておきましょう。

●ドキュメント末尾のタグ

ドキュメントの末尾には、JavaScriptのリンクを設定する<script>～</script>が2個配置され、さらにその下の行には<body>タグと<html>タグの終了を示す</body>、</html>が配置されています。これらのタグは、ベーステンプレートを用いるページで共通して使うので、そのままにしておきましょう。

編集後のベーステンプレート

以下は、編集後のベーステンプレートです。

▼編集後のベーステンプレート（blogproject/apps/templates/base.html）

```
<!DOCTYPE html>
<html lang="ja"><!-- jaを設定 -->

<head>
    <meta charset="utf-8" />
    <meta name="viewport" content="width=device-width, initial-scale=... " />
    <meta name="description" content="" />
    <meta name="author" content="" />
    <!-- ページタイトルはベーステンプレートの適用先で設定する -->
    <title>{% block title %}{% endblock %}</title>
    <!-- アイコンのリンク先を設定 -->
    <link rel="icon"
            type="image/x-icon"
            href="{{ url_for('static', filename='assets/favicon.ico') }}" />
    <!-- Font Awesome icons (free version)-->
    <script src="https://use.fontawesome.com/releases/v6.1.0/js/all.js"
            crossorigin="anonymous"></script>
    <!-- Google fonts-->
    <link href="https://fonts.googleapis.com/css?family=Lora:400,..."
            rel="stylesheet" type="text/css" />
    <link href="https://fonts.googleapis.com/css?family=Open+Sans:300italic..."
            rel="stylesheet" type="text/css" />
    <!-- Core theme CSS (includes Bootstrap)-->
    <!-- CSSのリンク先を設定-->
    <link href="{{ url_for('static', filename='css/styles.css') }}"
            rel="stylesheet" />
</head>

<body>
    <!-- Navigation-->
```

```
<nav class="navbar navbar-expand-lg navbar-light" id="mainNav">
    <div class="container px-4 px-lg-5">
        <!-- アンカーテキストとリンク先を設定 -->
        <a class="navbar-brand"
            href="{{url_for('index')}}">Flask Blog</a>
        <button class="navbar-toggler"
                type="button"
                data-bs-toggle="collapse"
                data-bs-target="#navbarResponsive"
                aria-controls="navbarResponsive"
                aria-expanded="false"
                aria-label="Toggle navigation">
            Menu
            <i class="fas fa-bars"></i>
        </button>
        <div class="collapse navbar-collapse" id="navbarResponsive">
            <ul class="navbar-nav ms-auto py-4 py-lg-0">
                <!-- Homeのリンク先を設定 -->
                <li class="nav-item">
                    <a class="nav-link px-lg-3 py-3 py-lg-4"
                        href="{{url_for('index')}}">Home</a>
                </li>
                <!-- AboutとSample Postの<li>～</li>を削除 -->
                <li class="nav-item">
                    <a class="nav-link px-lg-3 py-3 py-lg-4"
                        href="contact.html">Contact</a>
                </li>
            </ul>
        </div>
    </div>
</nav>
<!-- Page Header-->
<!-- <header>～</header>を削除 -->
<!-- ページのヘッダーはベーステンプレートを使用するページで設定する -->
{% block header %}{% endblock %}
```

```
<!-- Main Content-->
<!-- メインコンテンツの<div>～</div>を削除 -->
<!-- メインコンテンツはベーステンプレートを使用するページで設定する -->
{% block contents %}{% endblock %}

<!-- Footer-->
<footer class="border-top">
    <div class="container px-4 px-lg-5">
        <div class="row gx-4 gx-lg-5 justify-content-center">
            <div class="col-md-10 col-lg-8 col-xl-7">
                <ul class="list-inline text-center">
                    <li class="list-inline-item">
                        <a href="https://www.twitter.com/">
                            <span class="fa-stack fa-lg">
                    <i class="fas fa-circle fa-stack-2x"></i>
                    <i class="fab fa-twitter fa-stack-1x..."></i>
                            </span>
                        </a>
                    </li>
                    <li class="list-inline-item">
                        <a href="https://www.facebook.com/">
                            <span class="fa-stack fa-lg">
                    <i class="fas fa-circle fa-stack-2x"></i>
                    <i class="fab fa-facebook-f fa-stack..."></i>
                            </span>
                        </a>
                    </li>
                    <li class="list-inline-item">
                        <a href="https://github.co.jp">
                            <span class="fa-stack fa-lg">
                                <i class="fas fa-circle fa-stack-2x"></i>
                                <i class="fab fa-github fa-stack... "></i>
                            </span>
                        </a>
```

```
                        </li>
                    </ul>
                    <!-- 著作権表示-->
                    <div class="small text-center text-muted fst-italic">
                        Copyright &copy; flaskblog 2023</div>
                </div>
            </div>
        </div>
    </footer>
    <!-- Bootstrap core JS-->
    <script src="https://cdn.jsdelivr.net/npm/bootstrap@....bundle.min.js"></script>
    <!-- Core theme JS-->
    <!-- JSのリンク先を設定-->
    <script src="{{url_for('static', filename='js/scripts.js')}}"></script>
</body>

</html>
```

トップページにベーステンプレートを適用する

トップページにベーステンプレートを適用し、<body>以下のページヘッダーとメインコンテンツの内容を定義します。

ベーステンプレートの読み込み

ページのヘッダー情報とページ上部のナビゲーションの部分は、ベーステンプレートを適用するので、ドキュメント冒頭の

・<!DOCTYPE html>
・<html lang="ja">
・<head>～</head>

を削除し、ベーステンプレートを適用するテンプレートタグextendsを

```
{% extends 'base.html' %}
```

のように記述して配置します。

ヘッダー情報のページタイトルの設定

ヘッダー情報のページタイトルは、ベーステンプレートの適用先で設定するようにしています。テンプレートタグblockを使って

```
{% block title %}Flask Blog{% endblock %}
```

と記述します。

<body>タグとナビゲーションの削除

<body>タグ以下の

・<body>
・<!-- Navigation-->以下の<nav>～</nav>のブロック

を削除します。

●ページのヘッダー部分をテンプレートタグで囲む

ページのヘッダーを設定する<header>～</header>のブロックは、ベーステンプレートの適用先で設定する箇所なので、ブロック全体をテンプレートタグ

```
{% block header %}~{% endblock %}
```

で囲みます。

●メインコンテンツの<div>～</div>をテンプレートタグで囲む

メインコンテンツを設定する<div class="container">～</div>のブロックは、ベーステンプレートの適用先で設定する箇所です。ブロック全体をテンプレートタグ

```
{% block contents%}~{% endblock %}
```

で囲みます。

●投稿記事のブロックを1つだけ残す

メインコンテンツには、<!-- Post preview-->のコメントで始まる、投稿記事を表示するブロックが4つ配置されています。先頭の1ブロックだけを残して、あとの3つのブロックを削除します。

●フッター以下のタグを削除

フッター以下はベーステンプレートを適用するので、<footer>タグ以下をすべて削除します。削除するのは、<footer>～</footer>のブロック、そして<script>～</script>の2つのブロック、終了タグ</body>、</html>です。

●編集後のトップページ

以下は、編集後のトップページのテンプレートです。

▼編集後のトップページ（blogproject/apps/templates/index.html）

```
<!-- <!DOCTYPE html><html lang="ja">を削除 -->
<!-- <head>~</head>を削除 -->
<!-- ベーステンプレートを適用する-->
```

```
{% extends 'base.html' %}

<!-- ヘッダー情報のページタイトルは
     ベーステンプレートを利用するページで設定する -->
{% block title %}Flask Blog{% endblock %}

<!-- <body>を削除 -->
     <!-- Navigation-->
     <!-- <nav>～</nav>を削除-->

     <!-- Page Header-->
     <!-- <header>～</header>をテンプレートタグで囲む-->
     {% block header %}
     <!-- 背景画像のリンク先を設定 -->
     <header class="masthead"
             style="background-image: url('static/assets/img/about-bg.jpg')">
         <div class="container position-relative px-4 px-lg-5">
             <div class="row gx-4 gx-lg-5 justify-content-center">
                 <div class="col-md-10 col-lg-8 col-xl-7">
                     <div class="site-heading">
                         <!-- ヘッダーのタイトル -->
                         <h1>Flask Blog</h1>
                         <span class="subheading">
                             A Blog Theme by Start Bootstrap</span>
                     </div>
                 </div>
             </div>
         </div>
     </header>
     <!-- <header>～</header>をテンプレートタグで囲む-->
     {% endblock %}

     <!-- Main Content-->
     <!-- メインコンテンツを設定する<div>～</div>をテンプレートタグで囲む-->
     {% block contents %}
```

```
<div class="container px-4 px-lg-5">
    <div class="row gx-4 gx-lg-5 justify-content-center">
        <div class="col-md-10 col-lg-8 col-xl-7">
            <!-- 以下の1ブロックだけを残す -->
            <!-- Post preview-->
            <div class="post-preview">
                <a href="post.html">
                    <h2 class="post-title">
        Man must explore, and this is exploration at its greatest</h2>
                    <h3 class="post-subtitle">
                    Problems look mighty small from 150 miles up</h3>
                </a>
                <p class="post-meta">
                    Posted by
                    <a href="#!">Start Bootstrap</a>
                    on September 24, 2022
                </p>
            </div>
            <!-- Divider-->
            <hr class="my-4" />

            <!-- Pager-->
            <div class="d-flex justify-content-end mb-4">
                <a class="btn btn-primary text-uppercase"
                    href="#!">Older Posts →
                </a></div>
        </div>
    </div>
</div>
<!-- メインコンテンツを設定する<div>〜</div>をテンプレートタグで囲む -->
{% endblock %}

<!-- Footer-->
<!-- <Footer>以下はベーステンプレートを適用するので末尾まで削除 -->
```

開発サーバーを起動してトップページを確認する

VSCodeの**ターミナル**で

```
flask run
```

を実行して開発サーバーを起動します。ブラウザーのアドレス欄に

```
http://127.0.0.1:5000
```

と入力してトップページを表示してみましょう。

図4.6 トップページの画面（http://127.0.0.1:5000）

トップページのテンプレートにベーステンプレートが適用されていることが確認できます。

4.2 トップページに投稿記事の一覧を表示する

データベースに登録されたデータをトップページに表示できるように、indexビューに処理を追加し、テンプレート「index.html」を編集します。

データベースからレコードを読み込む処理を追加する（indexビュー）

トップページのレンダリングを行うindexビューに、データベーステーブル「posted」からレコードを全件取得する処理を追加します。

▼indexビューに、レコードを取得する処理を追加（blogproject/apps/blogapp.py）

```
"""
初期化処理
"""
from flask import Flask

# Flaskのインスタンスを生成
app = Flask(__name__)

# 設定ファイルを読み込む
app.config.from_pyfile('settings.py')

# SQLAlchemyのインスタンスを生成
from flask_sqlalchemy import SQLAlchemy
db = SQLAlchemy()

# SQLAlchemyオブジェクトにFlaskオブジェクトを登録する
db.init_app(app)

# Migrateオブジェクトを生成して
# FlaskオブジェクトとSQLAlchemyオブジェクトを登録する
from flask_migrate import Migrate
Migrate(app, db)
```

```
"""トップページのルーティング
"""
from sqlalchemy import select # sqlalchemy.select()
from apps import models # apps.modelsモジュール
from flask import render_template

@app.route('/')
def index():
    # 投稿記事のレコードをidの降順で全件取得するクエリ
    stmt = select(
        models.Blogpost).order_by(models.Blogpost.id.desc()) ——❶
    # データベースにクエリを発行
    entries = db.session.execute(stmt).scalars().all() ——❷
    # index.htmlのレンダリングする際にrowsオプションで
    # レコードのデータを引き渡す
    return render_template('index.html', rows=entries) ——❸

"""Blueprintの登録
"""
# crudアプリのモジュールviews.pyからBlueprint「crud」をインポート
from apps.crud.views import crud

# FlaskオブジェクトにBlueprint「crud」を登録
app.register_blueprint(crud)
```


●コード解説

機能を追加したことで、indexビューの内容が書き換えられました。

❶ stmt = select(models.Blogpost).order_by(models.Blogpost.id.desc())

SQLAlchemyのselect()を

```
select(models.Blogpost)
```

のように実行してモデルクラスBlogpostを指定し、

```
order_by(models.Blogpost.id.desc())
```

を実行することによりid値の降順でレコードを並べ替えます。これらの処理は、データベースへのクエリ（要求）としてstmtに格納されます。

❷entries = db.session.execute(stmt).scalars().all()

データベースに対して

```
db.session.execute(stmt)
```

を実行してクエリを発行します。続けて

```
.scalars().all()
```

を実行して、クエリによって取得されたレコードを全件取得します。

❸return render_template('index.html', rows=entries)

❷のentriesには、データベースのテーブルから取得したレコードが格納されています。

```
render_template('index.html', rows=entries)
```

のように「rows」という名前付き引数の値に設定することで、index.htmlをレンダリングする際にレンダリングエンジン（レンダリングを行うプログラム）に引き渡すようにしています。

トップページにレコードを一覧で表示する

トップページのテンプレート(index.html)に、indexビューで取得したレコードの一覧を出力するための処理を記述します。

▼トップページに投稿記事の一覧を表示する(blogproject/apps/templates/index.html)

```
<!-- ベーステンプレートを適用する -->
{% extends 'base.html' %}

<!-- ヘッダー情報のページタイトルは
     ベーステンプレートを利用するページで設定する -->
{% block title %}Flask Blog{% endblock %}

<!-- <header>～</header>をテンプレートタグで囲む -->
{% block header %}
<!-- 背景画像のリンク先を設定 -->
<header class="masthead"
        style="background-image: url('static/assets/img/about-bg.jpg')">
    <div class="container position-relative px-4 px-lg-5">
        <div class="row gx-4 gx-lg-5 justify-content-center">
            <div class="col-md-10 col-lg-8 col-xl-7">
                <div class="site-heading">
                    <!-- ヘッダーのタイトル -->
                    <h1>Flask Blog</h1>
                    <span class="subheading">
                        A Blog Theme by Start Bootstrap</span>
                </div>
            </div>
        </div>
    </div>
</header>
<!-- <header>～</header>をテンプレートタグで囲む -->
{% endblock %}
```

```
<!-- Main Content-->
<!-- メインコンテンツを設定する<div>〜</div>をテンプレートタグで囲む -->
{% block contents %}
<div class="container px-4 px-lg-5">
    <div class="row gx-4 gx-lg-5 justify-content-center">
        <div class="col-md-10 col-lg-8 col-xl-7">
            <!-- レコードが格納されたrowsから1件ずつentryに取り出す -->
            {% for entry in rows %} ―――――――――――❶
            <!-- Post preview-->
            <div class="post-preview">
                <a href="post.html">
                    <!-- titleフィールドを出力 -->
                    <h2 class="post-title">{{entry.title}}</h2> ―❷
                    <!-- contentsフィールドを出力：出力文字数を80以内に制限 -->
                    <!-- サブタイトルのレベルをh5にする -->
                    <h5 class="post-subtitle">{{entry.contents|truncate(80)}}</h5> ❸
                </a>
                <p class="post-meta">
                    <!-- ページの最上部にリンクする -->
                    <a href="#">Flask blog</a>
                    <!-- create_atフィールドを出力 -->
                    {{entry.create_at}}に投稿 ――――――――❹
                </p>
            </div>
            <!-- Divider-->
            <hr class="my-4" />
            <!-- forブロックはここまで -->
            {% endfor %} ―――――――――――――――❺

            <!-- Pager-->
            <div class="d-flex justify-content-end mb-4">
                <a class="btn btn-primary text-uppercase"
                    href="#!">Older Posts →
                </a></div>
        </div>
```

```
    </div>
</div>
<!-- メインコンテンツを設定する<div>～</div>をテンプレートタグで囲む -->
{% endblock %}
```


●コード解説

❶{% for entry in rows %}

rowsにはindexビューで取得したレコードが格納されているので、レコードを1件ずつ取り出してentryに格納します。

❷<h2 class="post-title">{{entry.title}}</h2>

<h2>の要素として、titleカラムのタイトルを出力するようにしています。

❸<h5 class="post-subtitle">{{entry.contents|truncate(80)}}</h5>

投稿記事の本文(contentsカラム)を出力します。セパレーター「|」で区切ってtruncate(80)を設定することで、出力する文字数を最大80文字に制限しています。truncate(文字数)で出力文字数を制御できるので、覚えておくとよいでしょう。

❹{{entry.create_at}}に投稿

create_atカラムの投稿日を出力します。

❺{% endfor %}

forブロックの終わりを示します。

開発サーバーを起動してトップページを確認する

開発サーバーを起動し、ブラウザーのアドレス欄に

```
http://127.0.0.1:5000
```

と入力してトップページを表示してみましょう。

■図4.7　トップページの画面（http://127.0.0.1:5000）

投稿記事の一覧が表示されました。本文は冒頭の80文字以内が表示されています。

4.3

ページネーションを実装する

ページネーションとは、1ページあたりに表示するレコードの件数を指定して、複数のページに分割することを指します。現在、ブログアプリのトップページにはすべてのレコードのデータが表示されるようになっていますが、1ページあたりの表示を3件にして、複数のページに分割して表示するようにしましょう。

VSCodeの[ターミナル]で「flask-paginate」をインストールする

ページネーションのためのFlaskの拡張モジュール「flask-paginate」をインストールします。

VSCodeの**コンソール**メニューをクリックして**新しいターミナル**を選択します。仮想環境のPythonインタープリターが設定されていて、仮想環境(venv_webapp)が参照された状態で、次のように入力して「flask-paginate」をインストールします。

▼「flask-paginate」をインストールする

```
pip install flask-paginate
```

indexビューにページネーションを組み込む

トップページのindexビューに、ページネーションの処理を追加します。

▼indexビューにページネーションを組み込む (blogproject/apps/blogapp.py)

```
"""
初期化処理
"""
from flask import Flask

......省略......

"""トップページのルーティング
```

```
"""
from sqlalchemy import select # sqlalchemy.select()
from apps import models # apps.modelsモジュール
from flask import render_template
from flask import request # flask.request
from flask_paginate import Pagination, get_page_parameter

@app.route('/')
def index():
    # 投稿記事のレコードをidの降順で全件取得するクエリ
    stmt = select(
        models.Blogpost).order_by(models.Blogpost.id.desc())
    # データベースにクエリを発行
    entries = db.session.execute(stmt).scalars().all()

    # 現在のページ番号を取得
    page = request.args.get(
        get_page_parameter(), type=int, default=1) ──── ❶
    # entriesから現在のページに表示するレコードを抽出
    res = entries[(page - 1)*3: page*3] ──── ❷
    # Paginationオブジェクトを生成
    pagination = Pagination( ──── ❸
        page=page,            # 現在のページ
        total=len(entries),  # 全レコード数を取得
        per_page=3)           # 1ページあたりのレコード数

    # index.htmlをレンダリングする際に
    # rowsオプションでレコードデータres、
    # paginationオプションでPaginationオブジェクトを引き渡す
    return render_template(
        'index.html',
        rows=res, pagination=pagination) ──── ❹

"""Blueprintの登録
"""
```

```
.......省略.......
```

●コード解説

❶ page = request.args.get(get_page_parameter(), type=int, default=1)

表示しているページのページ番号を取得して変数pageに格納します。defaultの値を変更することで、最初に表示するページを変更できます。ここでは先頭ページの1を設定しています。

❷ res = entries[(page − 1)*3: page*3]

レコードのリストentries から、1ページに表示するレコードをスライスして取り出します。ここでは、1ページあたり3件のレコードを抽出するようにしています。これを設定しないと、すべてのページに全レコードが表示されてしまいます。

❸ pagination = Pagination(page=page, total=len(entries), per_page=3)

Paginationのインスタンスを生成します。Pagination()では、次のオプション（名前付き引数）を設定します。

・page……現在のページ番号
・total……レコードの総数。len()で取得する
・per_page……1ページに表示するレコードの数。ここでは3を設定
・css_framework……使用するCSSフレームワーク。ここでは省略

❹ return render_template('index.html', rows=res, pagination=pagination)

render_template()の引数として、rows=resで1ページに表示するレコード、pagination=paginationでPaginationオブジェクトを設定し、レンダリングの際に参照できるようにしています。

テンプレートにページネーションを組み込む

トップページのテンプレート(index.html)に、ページネーションを適用します。

▼テンプレートにページネーションを組み込む (blogproject/apps/templates/index.html)

```
......省略......

<!-- Main Content-->
<!-- メインコンテンツを設定する<div>~</div>をテンプレートタグで囲む -->
{% block contents %}
<div class="container px-4 px-lg-5">
    <div class="row gx-4 gx-lg-5 justify-content-center">
        <div class="col-md-10 col-lg-8 col-xl-7">
            <!-- レコードが格納されたrowsから1件ずつentryに取り出す -->
            {% for entry in rows %}
            <!-- Post preview-->
            <div class="post-preview">
                <a href="post.html">
                    <!-- titleフィールドを出力 -->
                    <h2 class="post-title">{{entry.title}}</h2>
                    <!-- contentsフィールドを出力:出力文字数を80以内に制限 -->
                    <!-- サブタイトルのレベルをh5にする -->
                    <h5 class="post-subtitle">{{entry.contents|truncate(80)}}</h5>
                </a>
                <p class="post-meta">
                    <!-- ページの最上部にリンクする -->
                    <a href="#">Flask blog</a>
                    <!-- create_atフィールドを出力 -->
                    {{entry.create_at}}に投稿
                </p>
            </div>
            <!-- Divider-->
            <hr class="my-4" />
            <!-- forブロックはここまで -->
            {% endfor %}
```

```
            <!-- Pager-->
            <div class="d-flex justify-content-end mb-4">
                {{ pagination.info }}
            </div>
            <div class="d-flex justify-content-end mb-4">
                {{ pagination.links }}
            </div>
        </div>
    </div>
</div>
<!-- メインコンテンツを設定する<div>～</div>をテンプレートタグで囲む -->
{% endblock %}
```


開発サーバーを起動してトップページを確認する

開発サーバーを起動し、ブラウザーのアドレス欄に

```
http://127.0.0.1:5000
```

と入力してトップページを表示してみましょう。

図4.8　トップページの画面（http://127.0.0.1:5000）

ページの下部に、ページネーションの情報およびページを移動するナビゲーションが表示されている。ここでは「7件の投稿記事が3ページに分割されている」ことが確認できる

4.4

詳細ページを用意する

トップページの投稿記事の一覧は、ヘッドラインのようにタイトルと本文の一部のみが表示されるようになっています。ここでは、1件の記事の全文を表示する「詳細ページ」を作成します。

詳細ページのshow_entryビューを作成する

詳細ページのルーティングとshow_entryビューを作成します。「apps」フォルダーの「blogapp.py」を**エディター**で開いて、次のコードを追加しましょう。

▼詳細ページのルーティングとshow_entryビュー (blogproject/apps/blogapp.py)

```
"""
初期化処理
"""
from flask import Flask

......省略......

"""トップページのルーティング
"""
from sqlalchemy import select # sqlalchemy.select()
from apps import models # apps.modelsモジュール
from flask import render_template
from flask import request # flask.request
from flask_paginate import Pagination, get_page_parameter

@app.route('/')
def index():
......省略......

"""詳細ページのルーティング
"""
@app.route('/entries/<int:id>') ―――――――――― ❶
```

```
def show_entry(id): ―――――――――――――――――――――――――― ❷
    # データベーステーブルから指定されたidのレコードを抽出
    entry = db.session.get(models.Blogpost, id) ―――――――――― ❸
    # 抽出したレコードをentry=entryに格納して
    # post.htmlをレンダリングする
    return render_template('post.html', entry=entry) ―――――――― ❹

"""Blueprintの登録
"""
......省略......
```


●コード解説

❶@app.route('/entries/<int:id>')

'/entries/<int:id>'の<int:id>の部分には、index.htmlのリンクにおいて設定した、レコードのid値が格納されます。

❷def show_entry(id):

show_entryビューでは、パラメーターidでレコードのid値を取得します。

❸entry = db.session.get(models.Blogpost, id)

モデルクラスBlogpostを利用して、データベースのテーブルから該当するidのレコードを抽出します。SQLAlchemyのget()メソッドを使っています。

❹return render_template('post.html', entry=entry)

詳細ページのテンプレート「post.html」をレンダリングする際に、❸で抽出したレコードのデータをentry=entryとして引き渡します。

トップページのテンプレートに詳細ページのリンクを設定する

トップページのテンプレートに、詳細ページのshow_entryビューへのリンクを設定します。「index.html」を**エディター**で開いて、投稿記事を表示する箇所に設定されている<a>タグのhref属性を、show_entryビューへのリンクに書き換えます。

▼トップページのテンプレートにshow_entryビューへのリンクを設定
(blogproject/apps/templates/index.html)

```
......省略......
<!-- Main Content-->
<!-- メインコンテンツを設定する<div>～</div>をテンプレートタグで囲む -->
{% block contents %}
<div class="container px-4 px-lg-5">
    <div class="row gx-4 gx-lg-5 justify-content-center">
        <div class="col-md-10 col-lg-8 col-xl-7">
            <!-- レコードが格納されたrowsから1件ずつentryに取り出す -->
            {% for entry in rows %}
            <!-- Post preview-->
            <div class="post-preview">
                <!-- show_entryビューへのリンク
                        id=entry.idでレコードのidを引き渡す -->
                <a href="{{url_for('show_entry', id=entry.id)}}"> ❶
                    <!-- titleフィールドを出力 -->
                    <h2 class="post-title">{{entry.title}}</h2>
                    <!-- contentsフィールドを出力： 出力文字数を80以内に制限 -->
                    <!-- サブタイトルのレベルをh5にする -->
                    <h5 class="post-subtitle">{{entry.contents|truncate(80)}}</h5>
                </a>
                <p class="post-meta">
                    <!-- ページの最上部にリンクする -->
                    <a href="#">Flask blog</a>
                    <!-- create_atフィールドを出力 -->
                    {{entry.create_at}}に投稿
                </p>
```

```
            </div>
            <!-- Divider-->
            <hr class="my-4" />
            <!-- forブロックはここまで -->
            {% endfor %}

            <!-- Pager-->
            <div class="d-flex justify-content-end mb-4">
                {{ pagination.info }}
            </div>
            <div class="d-flex justify-content-end mb-4">
                {{ pagination.links }}
            </div>
        </div>
    </div>
</div>
<!-- メインコンテンツを設定する<div>～</div>をテンプレートタグで囲む -->
{% endblock %}
```


●コード解説

❶ <a href="{{url_for('show_entry', id=entry.id)}}">

url_for()でエンドポイントshow_entryを指定し、id=entry.idを引数にしています。これによって、投稿記事のidがshow_entryのURLの<int:id>の部分に格納されます。

```
"{{url_for('show_entry', id=entry.id)}}"

@app.route('/entries/<int:id>')

def show_entry(id):
    entry = db.session.get(models.Blogpost, id)
    return render_template('post.html', entry=entry)
```

詳細ページのテンプレートを作成する

詳細ページのテンプレートは、トップページのテンプレート（index.html）を利用して作成します。

エクスプローラーで「apps」➡「templates」フォルダーの「index.html」を右クリックして**コピー**を選択したあと、「templates」フォルダーを右クリックして貼り付けを選択します。「index copy.html」というファイル名で貼り付けられるので、これを右クリックして**名前の変更**を選択し、ファイル名を「post.html」に変更します。

「post.html」を**エディター**で開いて、次のコードリスト内の枠で囲んだ部分を、ここに表示されているコードに書き換えましょう。

▼コピーして作成した「post.html」の書き換え（blogproject/apps/templates/post.html）

```
<!-- ベーステンプレートを適用する -->
{% extends 'base.html' %}

<!-- ヘッダー情報のページタイトルは
     ベーステンプレートを利用するページで設定する -->
{% block title %}Flask Blog{% endblock %}

<!-- <header>～</header>をテンプレートタグで囲む -->
{% block header %}
<!-- 背景画像をpost-bg.jpgに設定 -->
<header class="masthead"
        style="background-image: url('/static/assets/img/post-bg.jpg')">
    <div class="container position-relative px-4 px-lg-5">
        <div class="row gx-4 gx-lg-5 justify-content-center">
            <div class="col-md-10 col-lg-8 col-xl-7">
                <div class="site-heading">
                    <!-- 投稿記事のタイトル
                         レコードをentryで参照し、titleフィールドの値を出力-->
                    <h1>{{ entry.title }}</h1>
                    <!-- サブタイトル
                         レコードをentryで参照し、
                         contentsフィールドの値を30文字以内で出力
                         -->
```

```
                    <h2 class="subheading">
                        {{ entry.contents|truncate(30)}}</h2>
                    <span class="meta">
                        <!-- トップページへのリンク -->
                        <a href="{{ url_for('index') }}">Flask Blog</a>
                        <!-- 投稿日時としてcreate_atフィールドを出力 -->
                        {{ entry.create_at }}に投稿
                    </span>
                </div>
            </div>
        </div>
    </div>
</header>
<!--テンプレートタグの終了 -->
{% endblock %}

<!-- Main Content-->
<!-- コンテンツを設定する<article>～</article>をテンプレートタグで囲む -->
{% block contents %}
<!-- <article>～</article>を追加 -->
<article class="mb-4">
    <div class="container px-4 px-lg-5">
        <div class="row gx-4 gx-lg-5 justify-content-center">
            <div class="col-md-10 col-lg-8 col-xl-7176>
                <!-- 以下<div>タグの要素を書き換える
                    レコードをentryで参照し、contentsフィールドの値を出力
                    <p>～</p>の要素とすることで全体を1つの段落にする -->
                <p>{{entry.contents}}</p>
            </div>
        </div>
    </div>
</article>
<!-- 水平線を追加 -->
<hr>
<!-- テンプレートタグの終了 -->
{% endblock %}
```

4 データベースと連携する

開発サーバーを起動して詳細ページを確認する

開発サーバーを起動し、ブラウザーのアドレス欄に

```
http://127.0.0.1:5000
```

と入力してトップページを表示します。そして、任意の投稿記事をクリックして、詳細ページを表示してみましょう。

■図4.9 トップページの画面（http://127.0.0.1:5000）

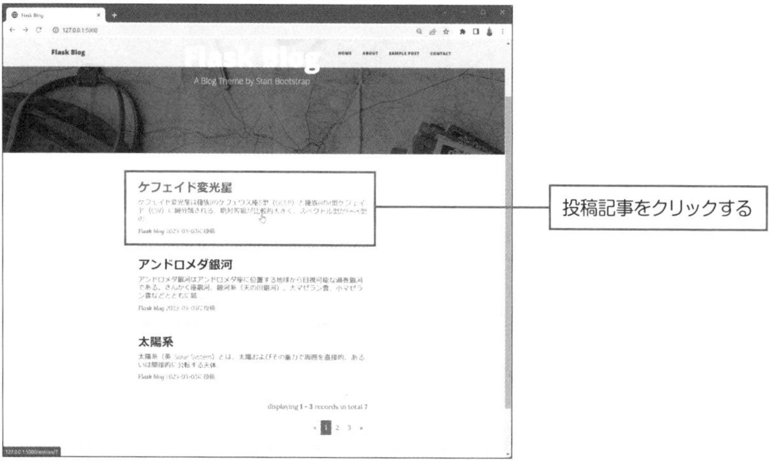

■図4.10 詳細ページ

第5章

フォームからメールで送信する仕組みを作る

5.1

問い合わせページを用意する

問い合わせページのテンプレートは、「Clean Blog」の「contact.html」を土台にして作成しましょう。

Bootstrapの「contact.html」をベースにテンプレートを作成

VSCodeを起動し、blogアプリのプロジェクトフォルダー「blogproject」を開いておきます。Bootstrapからダウンロードした「startbootstrap-clean-blog-gh-pages」フォルダーを開いて、「contact.html」を「blogproject」フォルダー以下の「apps」➡「templates」フォルダーにコピーしましょう。

■図5.1　「startbootstrap-clean-blog-gh-pages」フォルダーを開いたところ

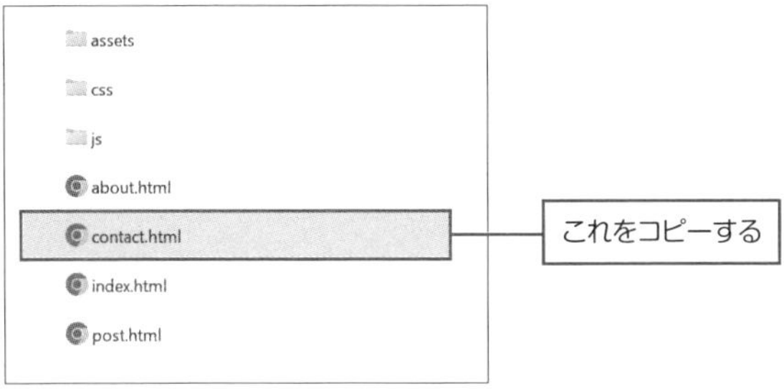

■図5.2　VSCodeの［エクスプローラー］

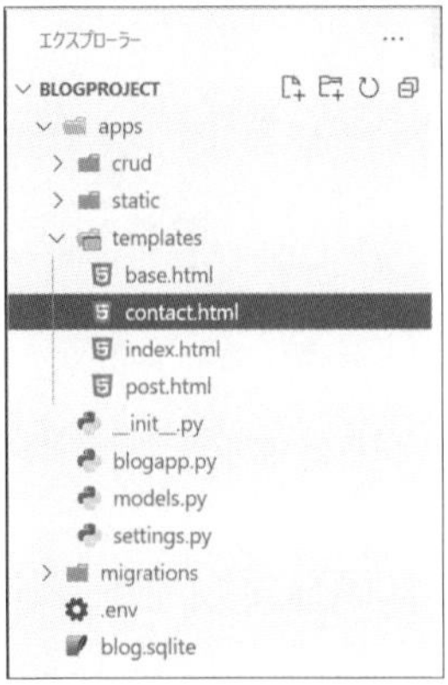

コピーした「contact.html」をダブルクリックして、**エディター**で開きましょう。問い合わせページにもベーステンプレートを適用し、ナビゲーションバー、ページのヘッダーとフッターに、他のページと同じものを表示します。メインコンテンツには<form>タグを使ってフォームを表示するようにします。

▼問い合わせページのテンプレート（blogproject/apps/templates/contact.html）

```
<!-- <!DOCTYPE html> <html lang="en"> <head>～</head>まで削除 -->
<!-- <body>とNavigation以下のブロック<nav>～</nav>まで削除 -->

<!-- ベーステンプレートを適用する -->
{% extends 'base.html' %}

<!-- ヘッダー情報のページタイトルは
     ベーステンプレートを利用するページで設定する -->
{% block title %}Flask Blog - Contact{% endblock %}

<!-- Page Header-->
<!-- <header>～</header>をテンプレートタグで囲む -->
{% block header %}
<!-- 背景画像のリンク先を設定 -->
<header class="masthead"
        style="background-image: url('static/assets/img/contact-bg.jpg')">
    <div class="container position-relative px-4 px-lg-5">
        <div class="row gx-4 gx-lg-5 justify-content-center">
            <div class="col-md-10 col-lg-8 col-xl-7">
                <div class="page-heading">
                    <h1>Contact Me</h1>
                    <span class="subheading">Have questions? I have answers.</span>
                </div>
            </div>
        </div>
    </div>
</header>
<!-- <header>～</header>をテンプレートタグで囲む -->
```

```
{% endblock %}

<!-- Main Content-->
<!-- メインコンテンツを設定する<main>～</main>をテンプレートタグで囲む -->
{% block contents %}
<main class="mb-4">
    <div class="container px-4 px-lg-5">
        <div class="row gx-4 gx-lg-5 justify-content-center">
            <div class="col-md-10 col-lg-8 col-xl-7">
                <p>Want to get in touch? Fill out the form below...
                    as possible!</p>
                <div class="my-5">
                    <!-- 以下、フォームを表示 -->
                    <form
                        action="{{url_for('contact')}}"
                        method="POST"
                        novalidate="novalidate">
                        <!-- CSRF対策機能を有効にする -->
                        {{form.csrf_token}}
                        <div class="form-floating">
                            <p>Enter your name</p>
                            <!-- usernameの入力欄を配置 -->
                            {{form.username(placeholder="ユーザー名")}}
                            <!-- バリデーションにおけるエラーメッセージを抽出、出力 -->
                            {% for error in form.username.errors %}
                            <span style="color:red">{{ error }}</span>
                            {% endfor %}
                        </div>
                        <div class="form-floating">
                            <p>Enter your email</p>
                            <!-- emailの入力欄を配置 -->
                            {{form.email(placeholder="メールアドレス")}}
                            <!-- バリデーションにおけるエラーメッセージを抽出、出力 -->
                            {% for error in form.email.errors %}
                            <span style="color:red">{{ error }}</span>
```

```
                        {% endfor %}
                    </div>
                    <div class="form-floating">
                        <p>Enter your message</p>
                        <!-- messageの入力欄を配置 -->
                        {{form.message(placeholder="問い合わせの内容")}}
                        <!-- バリデーションにおけるエラーメッセージを抽出、出力 -->
                        {% for error in form.message.errors %}
                        <span style="color:red">{{ error }}</span>
                        {% endfor %}
                    </div>
                    <!-- Submit Button-->
                    {{form.submit()}}
                    <!-- <input>タグを削除 -->
                </form>
            </div>
        </div>
    </div>
</div>
</main>
<!-- メインコンテンツを設定する<main>～</main>をテンプレートタグで囲む -->
{% endblock %}

<!-- Footer以下を削除 -->
```

問い合わせページのフォームクラスを作成する

エクスプローラーで「apps」フォルダーを右クリックして**新しいファイルの作成**を選択し、「forms.py」と入力します。

■図5.3 「apps」フォルダー以下にフォームクラスのモジュール「forms.py」を作成

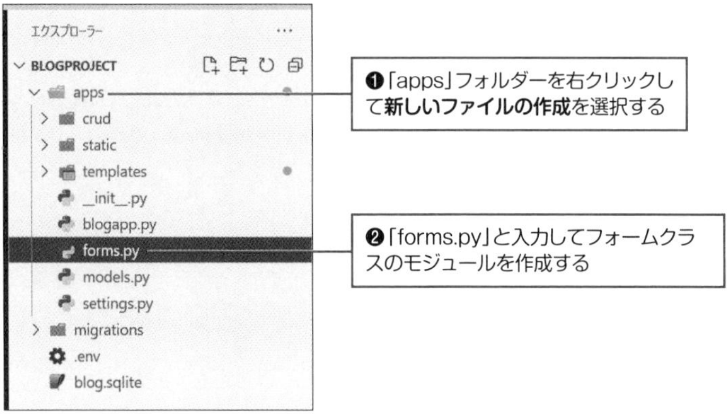

●フォームクラスInquiryFormを定義する

作成した「forms.py」をダブルクリックして**エディター**で開き、次のように3つのフィールドおよびsubmitボタンのフィールドを持つ、InquiryFormクラスを定義します。

▼InquiryFormクラスの定義（blogproject/apps/forms.py）

```
from flask_wtf import FlaskForm
from wtforms import StringField, TextAreaField, SubmitField
from wtforms.validators import DataRequired, Email

class InquiryForm(FlaskForm):
    """問い合わせページのフォームクラス

    Attributes:
        username: ユーザー名
        email: メールアドレス
        message: 問い合わせ内容
```

```
        submit: 送信ボタン
    """
    username = StringField(
        "ユーザー名",
        validators=[DataRequired(message="入力が必要です。"),]
    )
    email = StringField(
        "メールアドレス",
        validators=[DataRequired(message="入力が必要です。"),
                    Email(message="メールアドレスの形式で入力してください。"),]
    )
    message = TextAreaField(
        "メッセージ",
        validators=[DataRequired(message="入力が必要です。"),])

    # フォームのsubmitボタン
    submit = SubmitField(("送信"))
```

メールアドレスについては、wtforms.validatorsのEmail()を使って、メールアドレスの形式で入力されているかどうかチェックします。

問い合わせ完了ページのテンプレートを作成

問い合わせページでメッセージを送信したあと、「問い合わせが完了しました」と表示するページのテンプレートを作成しましょう。

エクスプローラーで「apps」➡「templates」フォルダーの「contact.html」を右クリックして**コピー**を選択します。続いて「apps」➡「templates」フォルダーを右クリックして**貼り付け**を選択します。

「contact copy.html」という名前で貼り付けられるので、これを右クリックして**名前の変更**を選択し、「contact_complete.html」に書き換えます。

図5.4 「apps」➡「templates」フォルダーに「contact_complete.html」を作成

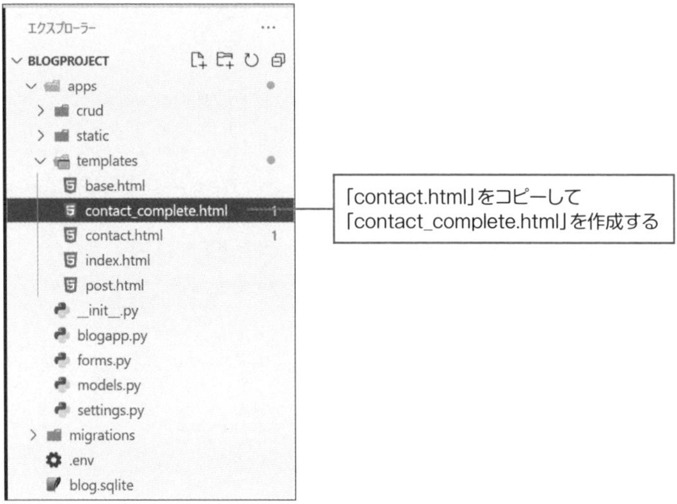

作成した「contact_complete.html」をダブルクリックして**エディター**で開き、次のコードリスト内の枠で囲んだ部分を書き換えます。書き換える箇所は、フォームを表示する<form>～</form>の部分です。この部分を削除して、<h2>タグで「問い合わせが完了しました」と表示するようにします。

▼問い合わせ完了ページのテンプレート
(blogproject/apps/templates/contact_complete.html)

```
<!-- ベーステンプレートを適用する -->
{% extends 'base.html' %}

<!-- ヘッダー情報のページタイトルは
     ベーステンプレートを利用するページで設定する -->
{% block title %}Flask Blog - Contact{% endblock %}

<!-- Page Header-->
<!-- <header>～</header>をテンプレートタグで囲む -->
{% block header %}
<!-- 背景画像のリンク先を設定 -->
```

```
<header class="masthead"
        style="background-image: url('static/assets/img/contact-bg.jpg')">
    <div class="container position-relative px-4 px-lg-5">
        <div class="row gx-4 gx-lg-5 justify-content-center">
            <div class="col-md-10 col-lg-8 col-xl-7">
                <div class="page-heading">
                    <h1>Contact Me</h1>
                    <span class="subheading">Have questions? I have answers.</span>
                </div>
            </div>
        </div>
    </div>
</header>
<!-- <header>～</header>をテンプレートタグで囲む -->
{% endblock %}

<!-- Main Content-->
<!-- メインコンテンツを設定する<main>～</main>をテンプレートタグで囲む -->
{% block contents %}
<main class="mb-4">
    <div class="container px-4 px-lg-5">
        <div class="row gx-4 gx-lg-5 justify-content-center">
            <div class="col-md-10 col-lg-8 col-xl-7">
                <p>Want to get in touch? Fill out the form below to...
                    as possible!</p>
                <div class="my-5">
                    <!-- メッセージを表示 -->
                    <h2>問い合わせが完了しました</h2>
                </div>
                <!-- 送信完了時のフラッシュメッセージを出力 -->
                {% with messages = get_flashed_messages() %}
                {% if messages %}
                <ul>
                    {% for message in messages %}
                    <li class="flash">{{ message }}</li>
```

5 フォームからメールで送信する仕組みを作る

```
                    {% endfor %}
                </ul>
                {% endif %}
                {% endwith %}
            </div>
        </div>
    </div>
</main>
<!-- メインコンテンツを設定する<main>〜</main>をテンプレートタグで囲む -->
{% endblock %}
```

●フラッシュメッセージの表示

問い合わせページのビューでは、送信完了後にフラッシュメッセージを出力するようにしたいので、

```
{% with messages = get_flashed_messages() %}
```

においてget_flashed_messages()で取得し、

```
{% if messages %}
```

でメッセージがある場合は、

```
{% for message in messages %}
<li class="flash">{{ message }}</li>
{% endfor %}
```

を実行してメッセージを出力するようにしています。

ルーティングとビューの定義

問い合わせページと問い合わせ完了ページについて、ルーティングとビューを定義しましょう。**エクスプローラー**で「apps」フォルダー以下の「blogapp.py」をダブルクリックして開き、次のコードを追加します。

▼問い合わせページと問い合わせ完了ページのルーティングとビューの定義（blogproject/apps/blogapp.py）

```
"""
初期化処理
"""
from flask import Flask

# Flaskのインスタンスを生成
app = Flask(__name__)

# 設定ファイルを読み込む
app.config.from_pyfile('settings.py')

# SQLAlchemyのインスタンスを生成
from flask_sqlalchemy import SQLAlchemy
db = SQLAlchemy()

# SQLAlchemyオブジェクトにFlaskオブジェクトを登録する
db.init_app(app)

# Migrateオブジェクトを生成して
# FlaskオブジェクトとSQLAlchemyオブジェクトを登録する
from flask_migrate import Migrate
Migrate(app, db)

"""トップページのルーティング
"""
......省略......
```

```
"""詳細ページのルーティング
"""
......省略......

"""問い合わせページのルーティングとビューの定義

    フォームデータをメール送信する
"""
from flask import url_for, redirect # url_for、redirect
from flask import flash # flash
from apps import forms # apps/forms.py

@app.route('/contact', methods=['GET', 'POST'])
def contact():
    # InquiryFormをインスタンス化
    form = forms.InquiryForm()
    if form.validate_on_submit():
        # フォームの入力データを取得
        username = form.username.data
        email = form.email.data
        message = form.message.data
        # メール送信
        # フラッシュメッセージを表示
        flash('お問い合わせの内容は送信されました。')
        # 問い合わせ完了ページへリダイレクト
        return redirect(url_for("contact_complete"))

    # 問い合わせページをレンダリング
    return render_template('contact.html', form=form)

"""問い合わせ完了ページのルーティングとビューの定義
"""
@app.route('/contact_complete')
def contact_complete():
    # 問い合わせページをレンダリング
```

```
    return render_template('contact_complete.html')
```

```
"""Blueprintの登録
"""
# crudアプリのモジュールviews.pyからBlueprint「crud」をインポート
from apps.crud.views import crud

# FlaskオブジェクトにBlueprint「crud」を登録
app.register_blueprint(crud)
```


メールの送信処理のコードが入っていませんが、これについては次の節で実装します。

ベーステンプレートに問い合わせページのリンクを設定する

最後に、ベーステンプレートのナビゲーションメニューに、問い合わせページのリンクを設定します。「apps」➡「templates」フォルダーの「base.html」を**エディター**で開いて、次の箇所を書き換えましょう。

▼ベーステンプレートに問い合わせページへのリンクを設定
(blogproject/apps/templates/base.html)

```
......省略......
<body>
    <!-- Navigation-->
    <nav class="navbar navbar-expand-lg navbar-light" id="mainNav">
        <div class="container px-4 px-lg-5">
            <!-- アンカーテキストとリンク先を設定 -->
            <a class="navbar-brand"
                href="{{url_for('index')}}">Flask Blog</a>
            <button class="navbar-toggler"
                    type="button"
                    data-bs-toggle="collapse"
```

```
                    data-bs-target="#navbarResponsive"
                    aria-controls="navbarResponsive"
                    aria-expanded="false"
                    aria-label="Toggle navigation">
                Menu
                <i class="fas fa-bars"></i>
            </button>
            <div class="collapse navbar-collapse" id="navbarResponsive">
                <ul class="navbar-nav ms-auto py-4 py-lg-0">
                    <!-- Homeのリンク先を設定 -->
                    <li class="nav-item">
                        <a class="nav-link px-lg-3 py-3 py-lg-4"
                            href="{{url_for('index')}}">Home</a>
                    </li>
                    <!-- 問い合わせページへのリンクを設定 -->
                    <li class="nav-item">
                        <a class="nav-link px-lg-3 py-3 py-lg-4"
                            href="{{url_for('contact')}}">Contact</a>
                    </li>
                </ul>
            </div>
        </div>
    </nav>
    <!-- Page Header-->
......省略......
```

問い合わせページの動作確認

メールの送信機能は実装していませんが、ここまでの作業を確認してみましょう。VSCodeの**ターミナル**で「flask run」を実行し、ブラウザーで「http://127.0.0.1:5000」にアクセスします。トップページで「CONTACT」のリンクをクリックすると、問い合わせページが表示されます。

図5.5 問い合わせページ（http://127.0.0.1:5000/contact）

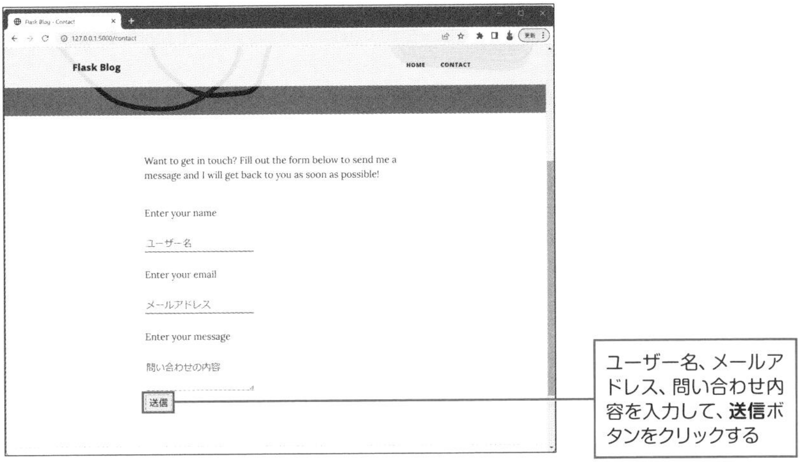

図5.6 問い合わせ完了ページ（http://127.0.0.1:5000/contact_complete）

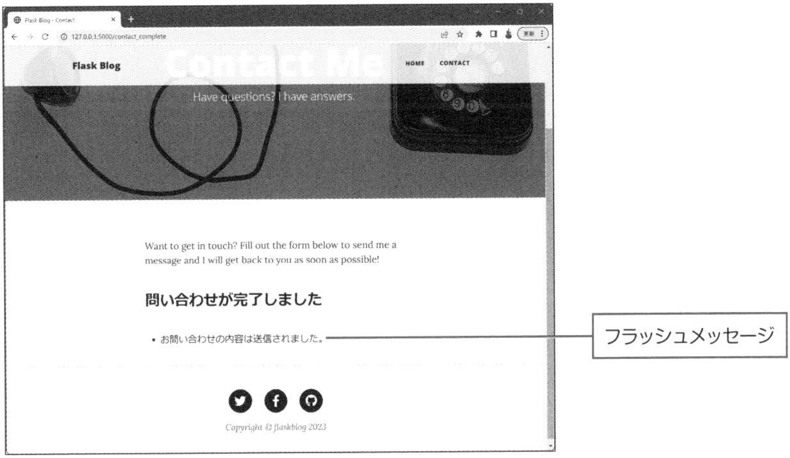

5.2

メール送信機能の実装

問い合わせページに入力されたデータをメールで送れるようにしましょう。本書では、Gmailのアカウントを作成してメールを送信する方法について紹介します。Gmailには、アプリから安全にメールサーバーを利用できる「2段階認証」という仕組みが用意されているので、これを利用することにします。

メール送信の流れ

メールの送信は、Flaskのアプリケーションサーバーから送信メールサーバーに依頼することで行われます。

▼メール送信の流れ

Flaskサーバー	➡	送信メールサーバー	➡	メール受信者

Gmailのアカウントを作成して2段階認証を登録しよう

Gmailは、

```
https://www.google.com/intl/ja/gmail/about/
```

のページでGoogleアカウントを作成することで利用できるようになります。

■図5.7　Gmailを利用するためのGoogleアカウントを作成

Googleアカウントを作成したら、「Googleアカウント」(https://myaccount.google.com/)にアクセスしましょう。サイドバーの**セキュリティ**をクリックすると、「セキュリティ」のページが表示されます。**2段階認証プロセス**という項目があるので、これをクリックしましょう。

図5.8 「Googleアカウント」の「セキュリティ」

使ってみるをクリックします。

図5.9 2段階認証プロセス

ログインの手順や代替手順を選ぶよう求められるので、画面の指示に従って操作を進めます。**2段階認証プロセスを有効にしますか？**と表示されたら、**有効にする**をクリックします。

■図5.10　2段階認証プロセスを有効にする

再びGoogleアカウントの「セキュリティ」を開きましょう。**2段階認証プロセス**をクリックしましょう。

■図5.11　Googleアカウントの「セキュリティ」

アプリパスワードをクリックします。

■図5.12　アプリパスワード

アプリパスワードの画面が表示されます。

■図5.13　アプリパスワード

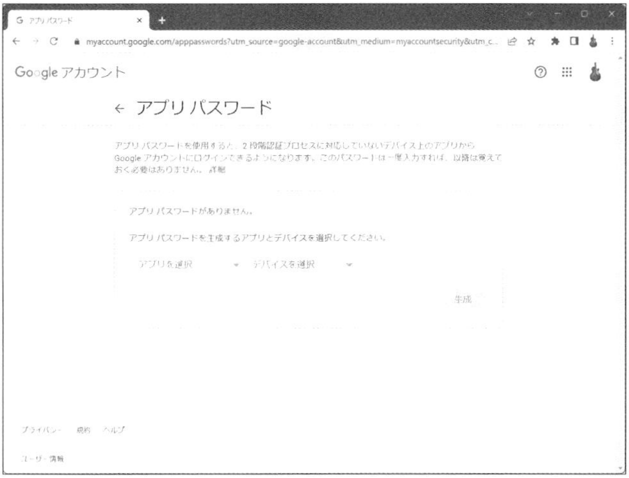

アプリを選択で**メール**を選択し、**デバイスを選択**で使用しているデバイスを選択したうえで、**生成**ボタンをクリックします。

■図5.14　アプリパスワード

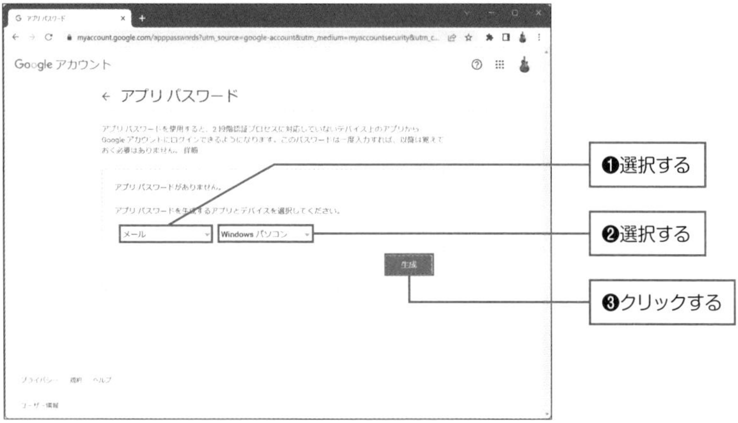

アプリパスワードが生成され、画面に表示されます。このパスワードはメールサーバーを設定するとき必要になるので、任意の方法で記録しておきましょう。最後に**完了**ボタンをクリックして画面を閉じましょう。

■図5.15　生成されたパスワード

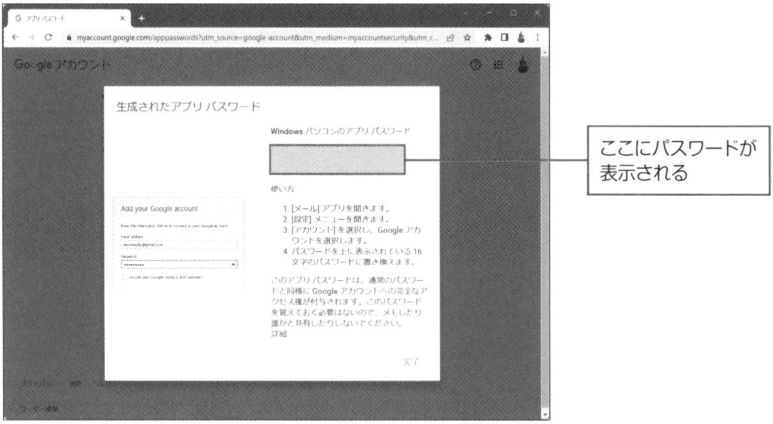

環境変数にメールサーバーの接続情報を登録する

「settings.py」にメール関連の環境変数を登録します。「apps」フォルダー以下の「settings.py」を**エディター**で開き、送信メールサーバーを利用するための記述を追加しましょう。

▼Gmailの送信メールサーバーからメールを送信するための環境変数を定義

```
import os

# モジュールの親ディレクトリのフルパスを取得
basedir = os.path.dirname(os.path.dirname(__file__))
# 親ディレクトリのblog.sqliteをデータベースに設定
SQLALCHEMY_DATABASE_URI = 'sqlite:///' + os.path.join(
                                    basedir, 'blog.sqlite')

# シークレットキーの値として10バイトの文字列をランダムに生成
SECRET_KEY = os.urandom(10)

# 管理者のユーザー名とパスワード
USERNAME = 'admin'
PASSWORD = 'abcd1234'

# メール関連の設定---------------------------------
# GmailのSMTPサーバー
MAIL_SERVER = 'smtp.gmail.com'
# メールサーバーのポート番号
MAIL_PORT = 587
# メールサーバーと通信する際にTLS(セキュア)接続を使う
MAIL_USE_TLS = True
# SSLを無効にする
MAIL_USE_SSL = False
# Gmailのメールアドレス
MAIL_USERNAME = 'xxxxxxxxxxx@gmail.com'
# Gmailのアプリ用パスワード
MAIL_PASSWORD = 'xxxxxxxxxxxxxxx'
```

```
# 送信元のメールアドレス(Gmailのメールアドレス)
MAIL_DEFAULT_SENDER = 'xxxxxxxxxx@gmail.com'
# ------------------------------------------------
```

メールの送信元のアドレスを設定するMAIL_DEFAULT_SENDERは、MAIL_USERNAMEと同じアドレスになります。Gmailの送信メールサーバー(SMPTサーバー)のホスト名は「smtp.gmail.com」、ポート番号は「587」です。

MAIL_PASSWORDには、先ほどGmailの2段階認証プロセスで生成したパスワードを登録しましょう。

問い合わせページのビューにメール送信機能を実装する

問い合わせページのビューに、「フォームデータを収集し、メールで管理者へ送信する」機能を実装しましょう。メールの送信処理には、Flaskの拡張ライブラリ「Flask-Mail」が必要です。VSCodeの**ターミナル**を開き、次のコマンドを入力してインストールしましょう。

▼Flask-Mailのインストール

```
pip install flask-mail
```

●問い合わせページのビューにメール送信機能を実装する

「apps」フォルダー以下の「blogapp.py」を**エディター**で開き、問い合わせページのビューcontactにメール送信の処理を追加しましょう。実際にメールを送信する処理は、send_mail()関数を定義して、この関数で行うようにします。

▼メール送信機能を実装する(blogproject/apps/blogapp.py)

```
"""
初期化処理
"""
from flask import Flask

# Flaskのインスタンスを生成
app = Flask(__name__)
```

```
# 設定ファイルを読み込む
app.config.from_pyfile('settings.py')

# SQLAlchemyのインスタンスを生成
from flask_sqlalchemy import SQLAlchemy
db = SQLAlchemy()

# SQLAlchemyオブジェクトにFlaskオブジェクトを登録する
db.init_app(app)

# Migrateオブジェクトを生成して
# FlaskオブジェクトとSQLAlchemyオブジェクトを登録する
from flask_migrate import Migrate
Migrate(app, db)

"""トップページのルーティング
"""
......省略......

"""詳細ページのルーティング
"""
......省略......

"""問い合わせページのルーティングとビューの定義

    フォームデータをメール送信する
"""
from flask import url_for, redirect # url_for、redirect
from flask import flash # flash
from apps import forms # apps/forms.py

@app.route('/contact', methods=['GET', 'POST'])
def contact():
    # InquiryFormをインスタンス化
```

```
    form = forms.InquiryForm()
    if form.validate_on_submit():
        # フォームの入力データを取得
        username = form.username.data
        email = form.email.data
        message = form.message.data
        # メール送信
        send_mail( ──────────────────────── ❶
            # 送信されたメールを受信するメールアドレス
            # Gmailで受信する
            to='xxxxxxxx@gmail.com',
            # メールの表題
            subject="問い合わせページからのメッセージ",
            # templates/send_mail.txtをテンプレートに指定
            template="send_mail.txt",
            # ユーザー名、メールアドレス、メッセージ
            username=username,
            email=email,
            message=message
            )
        # フラッシュメッセージを表示
        flash('お問い合わせの内容は送信されました。')
        # 問い合わせ完了ページへリダイレクト
        return redirect(url_for("contact_complete"))

    # 問い合わせページをレンダリング
    return render_template('contact.html', form=form)

"""問い合わせ完了ページのルーティングとビューの定義
"""
@app.route('/contact_complete')
def contact_complete():
    # 問い合わせページをレンダリング
    return render_template('contact_complete.html')
```

```
"""Flaskインスタンスを Mailオブジェクトに登録
"""
from flask_mail import Mail ──── ❷
mail = Mail(app) ──── ❸

from flask_mail import Message ──── ❹
def send_mail(to, subject, template, **kwargs): ──── ❺
    """メールを送信する

    Args:
        to: Mailの送信先
        subject: メールの表題
        template: メール本文に適用するテンプレート
        **kwargs: 複数のキーワード引数を辞書として受け取る
    """
    # Messageオブジェクトを生成
    # 表題を第1引数、送信先をrecipientsオプションで指定
    msg = Message(subject, recipients=[to]) ──── ❻
    # メール本文のテンプレートをレンダリングして
    # メッセージボディmsg.bodyに格納
    msg.body = render_template(template, **kwargs) ──── ❼
    # メールの送信
    # msgを引数にしてMailオブジェクトからsend()メソッドを実行
    mail.send(msg) ──── ❽

"""Blueprintの登録
"""
# crudアプリのモジュールviews.pyからBlueprint「crud」をインポート
from apps.crud.views import crud

# FlaskオブジェクトにBlueprint「crud」を登録
app.register_blueprint(crud)
```

●コード解説

❶send_mail()

別途で定義したsend_mail()関数を呼び出してメールの送信処理を行います。

```
to='xxxxxxxx@gmail.com',
```

は、send_mail()のtoオプションに送信先のメールアドレスを設定しています。問い合わせページで入力された内容を取得するためのものなので、管理者のメールアドレスを設定します。ここでは、メール送信に利用したGmailのアドレスを指定しています。

```
subject="問い合わせページからのメッセージ",
```

は、send_mail()のsubjectオプションにメールの表題を設定しています。

```
template="send_mail.txt",
```

は、send_mail()のtemplateオプションに「メール本文をレンダリングする際に使用するテンプレート」を設定しています。メール本文はテキスト形式なので、テンプレートは「.txt」のファイルです。

```
username=username, email=email, message=message
```

では、フォームから取得したユーザー名、メールアドレス、問い合わせ内容をsend_mail()のusername、email、messageの各オプションの値として設定しています。

❷from flask_mail import Mail

flask_mailから、メールの送信処理を行うMailをインポートします。

❸mail = Mail(app)

Mailをインスタンス化します。Flaskのインスタンスappを引数にすることで、Mailのインスタンス(オブジェクト)にFlaskのインスタンスが登録されます。

❹ from flask_mail import Message

flask_mailからMessageをインポートします。

❺ def send_mail(to, subject, template, **kwargs):

メールの送信処理を行う関数の宣言部です。パラメーターとしてはto、subject、templateのほかに、複数のキーワード引数を辞書(dict)の形で受け取るための「**kwargs」を設定しています。

❻ msg = Message(subject, recipients=[to])

Messageオブジェクトを生成(インスタンス化)します。表題を第1引数、送信先をリスト形式でrecipientsオプションの値として設定します。

❼ msg.body = render_template(template, **kwargs)

render_template()でメール本文のテンプレートをレンダリングし、Messageのbodyプロパティの値として格納します。第2引数に「**kwargs」を指定しているので、contactビューでsend_mail()を呼び出す際の

```
username=username,
email=email,
message=message
```

については、辞書(dict)のキーと値の形でレンダリングエンジンに引き渡されます。

❽ mail.send(msg)

msgを引数にしてMailのsend()メソッドを実行し、メールの送信を行います。

メール本文のテンプレートを作成する

メール本文をレンダリングする際に使用する、テキスト形式のテンプレートを作成します。「apps」以下の「templates」フォルダーに、テキスト形式ファイル「send_mail.txt」を作成しましょう。

■図5.16 「send_mail.txt」の作成

作成した「send_mail.txt」を**エディター**で開いて、次のように入力しましょう。

▼メール本文のテンプレート(blogproject/apps/templates/send_mail.txt)

```
{{ username }}　様からのメッセージ
{{ email }}

以下の内容が送信されました。
-----------------------------------------------
{{ message }}
-----------------------------------------------
```

{{ username }}、{{ email }}、{{ message }}の箇所には、render_template(template, **kwargs)において、**kwargsで渡されたusername、email、messageがそれぞれ出力されます。

問い合わせページから送信してみる

問い合わせページのフォームからメールを送信する仕組みが完成したので、実際に問い合わせページに入力して、送信された内容をメールで受信してみることにしましょう。

図5.17　問い合わせページ（http://127.0.0.1:5000/contact）

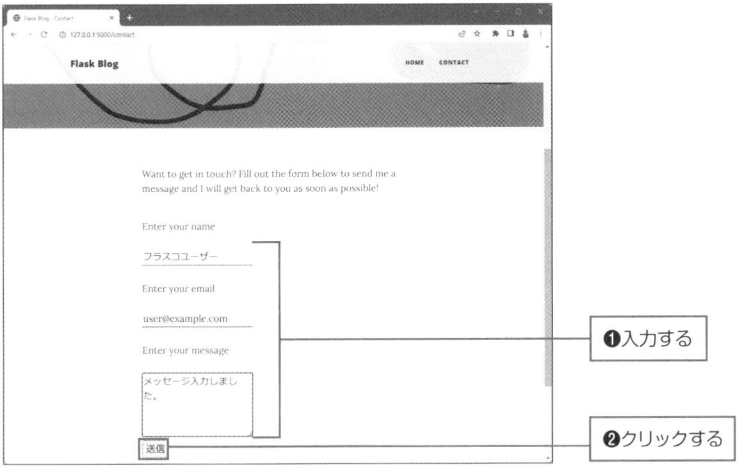

図5.18　送信完了ページ（http://127.0.0.1:5000/contact_complete）

送信が完了すると、問い合わせページで入力した内容が、設定しておいたメールアドレス宛に届きます。

■図5.19　実際に受信したメール（Gmailのメールアカウントで受信）

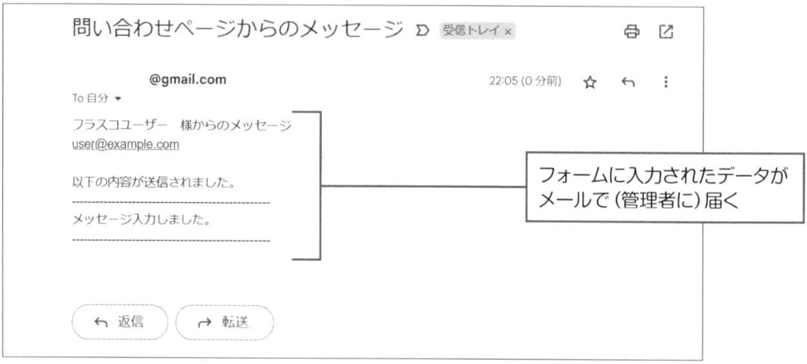

第6章

ユーザー登録の仕組みを作る

6.1

トップページのテンプレートを作成する

これから作成する画像投稿アプリは、トップページのアプリと、ログイン／ログアウトを管理するアプリ「authapp」、ログイン後の画像一覧を表示するアプリ「pictapp」で構成されます。ここでは、Bootstrapのサンプルを利用したトップページのテンプレートを作成します。

「会員制Post picture」アプリの概要

これから作成する「会員制Post picture」アプリは、「ユーザー登録をした人が写真などの画像を自由に投稿し、ユーザー間で閲覧できる」機能を備えたアプリです。機能別に、次の3つのアプリで構成されます。

・トップページのアプリ（第6章で作成）

トップページには、ユーザー登録用のフォームが配置されます。データベースと連動して、ユーザー登録の処理を行います。

・authapp（第7章で作成）

「ユーザー登録をした人が、ログイン／ログアウトする」ための機能を提供します。

・pictapp（第8章で作成）

ログイン後に表示される、投稿画像の一覧ページのための機能を提供します。

本章では、ユーザー登録機能を実装したトップページのアプリを作成します。

トップページのルーティングとビューを作成しよう

本書では、プロジェクトフォルダー（アプリの開発に必要なファイル一式を保存するフォルダー）として「flaskproject」を作成し、この中に各プロジェクトフォルダー、さらには仮想環境「venv_webapp」のフォルダーを格納しています。本節から開発を始める「会員制Post picture」アプリでは、「picture_project」という名前のフォルダーを作成し、これをプロジェクトフォルダーとして利用することにします。

プロジェクトフォルダーに「apps」フォルダーを作成して「app.py」を配置する

これまでに使用している「flaskproject」フォルダー内にプロジェクトフォルダー「picture_project」を作成し、VSCodeで開きましょう。「flaskproject」フォルダーではなく、「picture_project」フォルダーを直接開くことに注意しましょう。

VSCodeで「picture_project」フォルダーを開いたら、**エクスプローラー**の**新しいフォルダー**ボタンをクリックして「apps」という名前のフォルダーを作成します。

続いて「apps」フォルダーを右クリックして**新しいファイル**を選択し、Pythonのモジュール「app.py」を作成しましょう。

図6.1

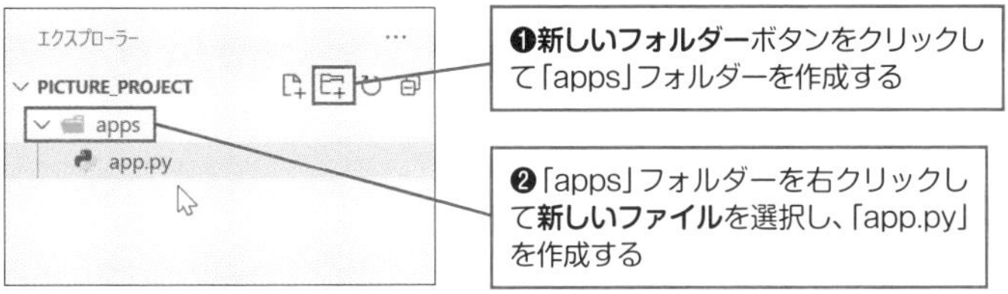

アプリの初期化処理とトップページのルーティング、ビューを記述する

「app.py」をエディターで開きましょう。ステータスバーの右端に「3.xx.x 64-bit」または「インタープリターを選択」のようにPythonのインタープリターを選択するボタンがあるので、これをクリックします。すると**インタープリターを選択**が表示されるので、**+ インタープリターパスを入力**を選択します。

図6.2 ［インタープリターを選択］

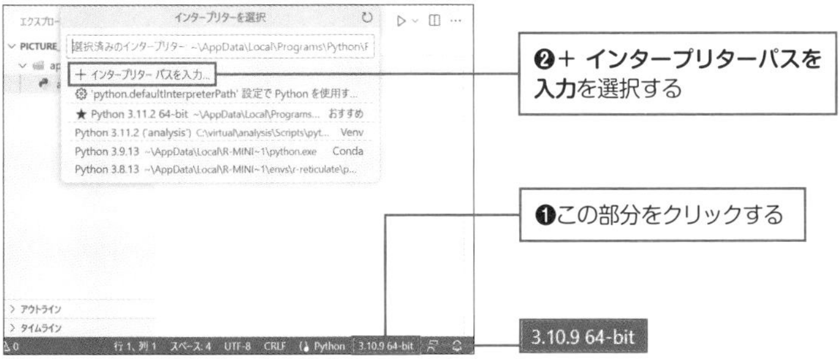

Pythonインタープリターのパスの入力欄が表示されるので、仮想環境のインタープリターのパスを入力します。インタープリター(python.exe)は、仮想環境のフォルダーの「Scripts」フォルダーに格納されています。本書の例では、

```
C:\flaskproject\venv_webapp\Scripts\python.exe
```

が仮想環境のPythonインタープリターのパスになります。

■図6.3　仮想環境のPythonインタープリターの設定

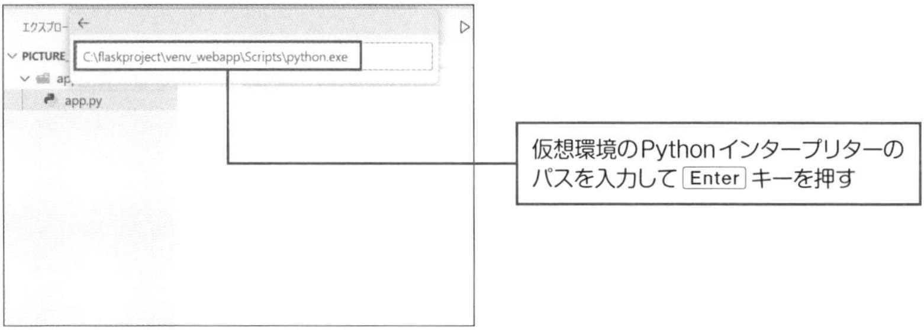

これで、プロジェクトのPythonプログラムは仮想環境のインタープリターで動作するようになりました。**ターミナル**を表示した場合も、仮想環境を参照した状態になります。

では、「app.py」にアプリの初期化のためのコード、およびトップページのルーティングとビューを定義するコードを入力しましょう。

▼初期化の処理、トップページのルーティングとビューを定義する(picture_project/apps/app.py)

```
"""
初期化処理
"""
from flask import Flask

# Flaskのインスタンスを生成
app = Flask(__name__)
# 設定ファイルを読み込む
```

```
app.config.from_pyfile('settings.py')

"""トップページのルーティング
"""
from flask import render_template
@app.route('/', methods=['GET', 'POST'])
def index():
    # index.htmlをレンダリングする
    return render_template('index.html')
```

アプリ起動用の「.env」ファイルを作成する

アプリを起動するための「.env」ファイルを作成しますが、プロジェクトフォルダー直下に作成するため、少々コツが必要です。まず、**エクスプローラー**で何も表示されていない箇所をクリックします。続いて**新しいファイル**ボタンをクリックして「.env」と入力し、Enter キーを押します。

■図6.4 プロジェクトフォルダー直下に「.env」ファイルを作成

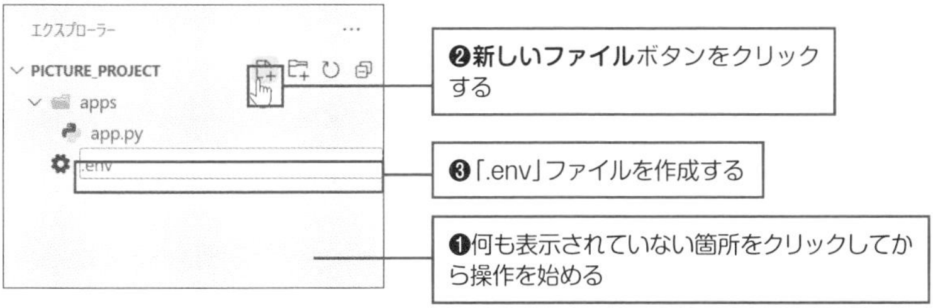
エクスプローラー
PICTURE_PROJECT
apps
app.py
.env
❷新しいファイルボタンをクリックする
❸「.env」ファイルを作成する
❶何も表示されていない箇所をクリックしてから操作を始める

作成した「.env」ファイルを**エディター**で開き、環境変数FLASK_APPとDEBUGの値を設定します。

▼環境変数FLASK_APPとDEBUGの値を設定

```
# アプリのモジュールを登録
FLASK_APP = apps.app.py
# デバッグモードを有効にする
DEBUG = True
```

「__init__.py」、「settings.py」の作成

「apps」フォルダー以下にモジュール「__init__.py」、「settings.py」を作成します。

■図6.5 「__init__.py」、「settings.py」を作成

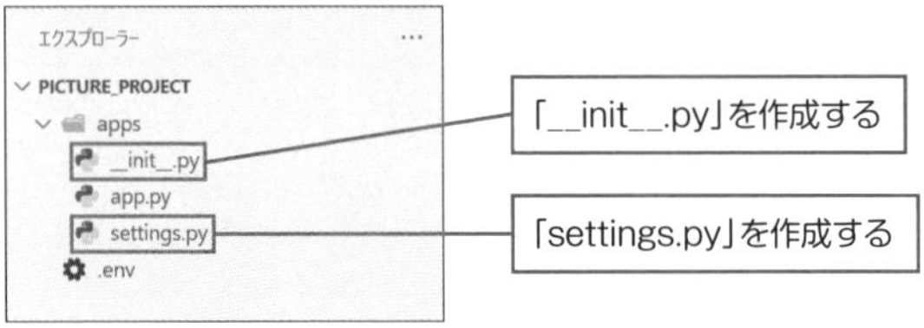

それぞれのモジュールには何も記述しないで、空白の状態で保存しておきましょう。

Bootstrapの「Creative」をアプリのトップページに移植しよう

Bootstrapのサンプルにトップページ用の「Creative」があります。これをダウンロードして、アプリのトップページとして組み込みましょう。

「Start Bootstrap」のサイト（https://startbootstrap.com/）にアクセスし、**Themes**メニューの**Landing Pages**を選択します。

■図6.6 「Start Bootstrap」のトップページ

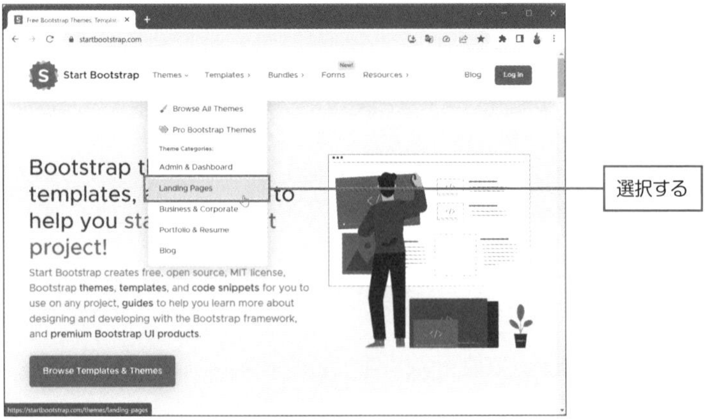

Creativeの画像をクリックします。

■図6.7 「Landing Pages」カテゴリのサンプル

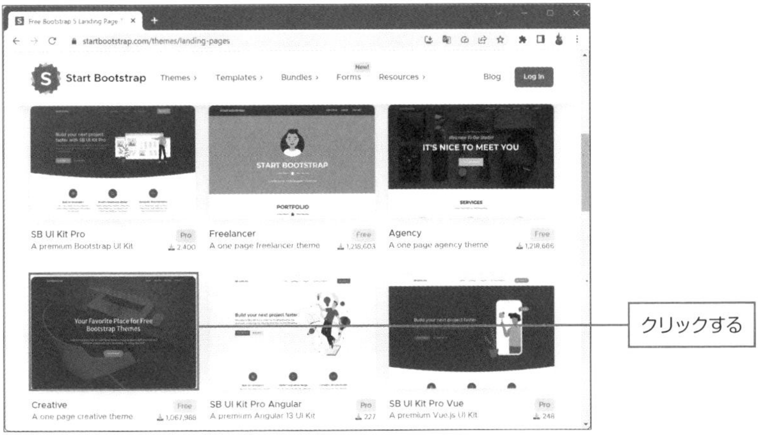

「Creative」のダウンロードページが表示されるので、**Free Download**をクリックしてダウンロードしましょう。

■図6.8 「Creative」のダウンロードページ

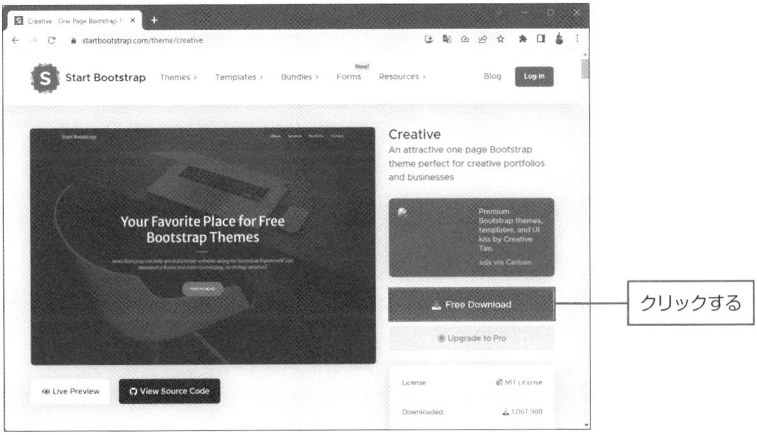

●「templates」、「static」フォルダーを作成して「Creative」のサンプルデータをコピーする

Bootstrapのサンプル「Creative」はZIP形式の圧縮ファイルになっており、解凍すると次のHTMLドキュメントと3つのフォルダーが確認できます。

■図6.9　Bootstrapのサンプル「Creative」をダウンロードして解凍したところ

(「startbootstrap-creative-gh-pages」フォルダー)

エクスプローラーで「apps」フォルダーを右クリックして**新しいフォルダー**を選択し、「templates」フォルダーを作成します。同じように操作して、「apps」以下に「static」フォルダーを作成します。

フォルダーの作成後、ダウンロードしたサンプルデータの「index.html」を「templates」フォルダーにコピーしましょう。サンプルデータの「assets」、「css」、「js」の3つのフォルダーは、「static」フォルダーにコピーします。

■図6.10　「index.html」、「assets」、「css」、「js」をコピーする

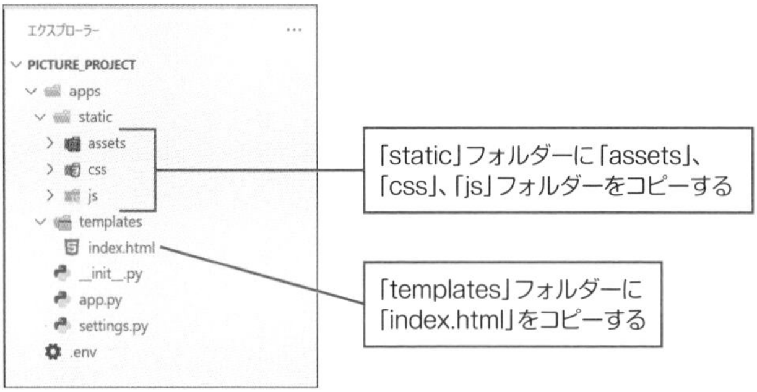

●ページのヘッダー情報を編集する

コピーした「index.html」を**エディター**で開いて、冒頭から<head>～</head>ブロックまで、主に次の編集をします。

・ページタイトルを変更

・ページアイコンのリンク先を設定
・サンプルのCSSのリンク先を設定

▼冒頭から<head>～</head>ブロックまで（picture_project/apps/templates/index.html）

```
<!DOCTYPE html>
<!-- 言語をjaに変更 -->
<html lang="ja">
    <head>
        <meta charset="utf-8" />
<meta name="viewport" content="width=device-width, initial-scale=1, shrink-to-fit=no" />
        <meta name="description" content="" />
        <meta name="author" content="" />
        <!-- ページタイトルを変更 -->
        <title>Start Picture Post App</title>
        <!-- Favicon-->
        <!-- アイコンのリンク先を設定 -->
        <link rel="icon"
              type="image/x-icon"
              href="{{ url_for('static', filename='assets/favicon.ico')}}" />
        <!-- Bootstrap Icons-->
<link href="https://cdn.jsdelivr.net/npm/bootstrap-icons@1.5.0/font/bootstrap-icons.css"
             rel="stylesheet" />
        <!-- Google fonts-->
        <link href="https://fonts.googleapis.com/css?family=Merriweather+Sans:400,700"
             rel="stylesheet" />
        <link href="https://fonts.googleapis.com/css?family=Merriweather:400,300,300..."
             rel="stylesheet" type="text/css" />
        <!-- SimpleLightbox plugin CSS-->
<link href="https://cdnjs.cloudflare.com/ajax/libs/.../2.1.0/simpleLightbox.min.css"
             rel="stylesheet" />
        <!-- Core theme CSS (includes Bootstrap)-->
         <!-- CSSのリンク先を設定-->
        <link href="{{ url_for('static', filename='css/styles.css') }}"
              rel="stylesheet" />
    </head>
```

●ナビゲーションメニューを編集する

ページの最上部に配置されているナビゲーションメニュー(<body>以下<nav>～</nav>まで)について、次の編集をします。

・ナビゲーションメニュー左側のアンカーテキストを変更
・ナビゲーションメニューの4個のアイテムのうち、2個のテキストとhref属性を変更

▼ナビゲーションメニュー(<nav>～</nav>のブロック)の編集

```
<body id="page-top">
    <!-- Navigation-->
    <!-- ナビゲーションメニュー -->
    <nav class="navbar navbar-expand-lg navbar-light fixed-top py-3" id="mainNav">
        <div class="container px-4 px-lg-5">
            <!-- 上部左側のアンカーテキストを変更 -->
            <a class="navbar-brand" href="#page-top">Start Picturepost</a>
            <button class="navbar-toggler navbar-toggler-right"
                    type="button" data-bs-toggle="collapse"
            data-bs-target="#navbarResponsive" aria-controls="navbarResponsive"
                    aria-expanded="false" aria-label="Toggle navigation">
                    <span class="navbar-toggler-icon"></span>
            </button>
            <!-- ナビゲーションメニュー -->
            <div class="collapse navbar-collapse" id="navbarResponsive">
                <ul class="navbar-nav ms-auto my-2 my-lg-0">
                    <!-- 第2画面へのリンク -->
                    <li class="nav-item">
                        <a class="nav-link" href="#about">About</a>
                    </li>
                    <!-- サンプル画面へのリンク -->
                    <li class="nav-item">
                        <a class="nav-link" href="#services">Services</a>
                    </li>
                    <!-- ログイン画面へのリンク テキストとhref属性変更 -->
                    <li class="nav-item">
```

```
                    <a class="nav-link" href="#login">Login</a>
                </li>
                <!-- サインアップ画面へのリンク テキストとhref属性変更 -->
                <li class="nav-item">
                    <a class="nav-link" href="#contact">Sign-up</a>
                </li>
            </ul>
        </div>
    </div>
</nav>
```


第1画面(ヘッダー画面)の編集

ページの大見出しを表示するヘッダー画面(第1画面とします)について、次の編集をします。

・大見出しのテキスト
・大見出し以下の文章

▼第1画面(<header>～</header>のブロック)の編集

```
<!-- 第1画面: ヘッダー -->
<!-- Masthead-->
<header class="masthead">
    <div class="container px-4 px-lg-5 h-100">
        <div class="row gx-4 gx-lg-5 h-100 align-items-center justify-content-center text-center">
            <div class="col-lg-8 align-self-end">
                <!-- 大見出しのテキストを編集 -->
                <h1 class="text-white font-weight-bold">
                    Your Favorite Place for Picture Post App</h1>
                <hr class="divider" />
            </div>
            <div class="col-lg-8 align-self-baseline">
                <!-- 大見出し以下の文章を編集 -->
                <p class="text-white-75 mb-5">
```

```
                ユーザー登録で誰でも利用できる画像投稿サイトです！
                ボタンをクリックしてお進みください！
                ログイン画面とユーザー登録画面が現れます！
            </p>
            <!-- 進むボタン 第2画面へ -->
            <a class="btn btn-primary btn-xl" href="#about">Find Out More</a>
        </div>
    </div>
  </div>
</header>
```

●第2画面（<section … id="about">～</section>）の編集

第1画面のボタンをクリックするとスクロールで表示される第2画面（<section … id="about">～</section>）について、次の編集をします。

・タイトルのテキスト
・タイトル下のテキスト

▼第2画面（<section … id="about">～</section>）の編集

```
<!-- 第2画面 -->
<!-- About-->
<section class="page-section bg-primary" id="about">
    <div class="container px-4 px-lg-5">
        <div class="row gx-4 gx-lg-5 justify-content-center">
            <div class="col-lg-8 text-center">
                <!-- タイトルテキストを編集 -->
                <h2 class="text-white mt-0">Here is login screen!</h2>
                <hr class="divider divider-light" />
                <!-- タイトル下の文章を編集 -->
                <p class="text-white-75 mb-4">
                    ユーザー登録はお済みですか？
                </p>
                <!-- サンプル画面へ進むボタン -->
```

```
            <a class="btn btn-light btn-xl" href="#services">
                Get Started!</a>
        </div>
    </div>
  </div>
</section>
```

第3画面(<section … id="services">～</section>)の編集

第3画面(<section … id="services">～</section>)について、次の編集をします。

・タイトルのテキスト

以下、破線で囲んだ箇所のテキストについては適宜編集してください。

▼第3画面(<section … id="services">～</section>)の編集

```
<!-- 第3画面 -->
<!-- Services-->
<section class="page-section" id="services">
    <div class="container px-4 px-lg-5">
        <!-- タイトル変更 -->
        <h2 class="text-center mt-0">Sample Pictures</h2>
        <hr class="divider" />
        <div class="row gx-4 gx-lg-5">
            <div class="col-lg-3 col-md-6 text-center">
                <div class="mt-5">
                    <div class="mb-2"><i class="bi-gem fs-1 text-primary"></i></div>
                    <h3 class="h4 mb-2">Sturdy Themes</h3>
                    <p class="text-muted mb-0">Our themes are ... free!</p>
                </div>
            </div>
            <div class="col-lg-3 col-md-6 text-center">
                <div class="mt-5">
```

6 ユーザー登録の仕組みを作る

```
                <div class="mb-2"><i class="bi-laptop fs-1 text-primary"></i></div>
                <h3 class="h4 mb-2">Up to Date</h3>
                <p class="text-muted mb-0">All dependencies are ... fresh.</p>
            </div>
        </div>
        <div class="col-lg-3 col-md-6 text-center">
            <div class="mt-5">
                <div class="mb-2"><i class="bi-globe fs-1 text-primary"></i></div>
                <h3 class="h4 mb-2">Ready to Publish</h3>
                <p class="text-muted mb-0">You can use this ... changes!</p>
            </div>
        </div>
        <div class="col-lg-3 col-md-6 text-center">
            <div class="mt-5">
                <div class="mb-2"><i class="bi-heart fs-1 text-primary"></i></div>
                <h3 class="h4 mb-2">Made with Love</h3>
                <p class="text-muted mb-0">Is it really ... with love?</p>
            </div>
        </div>
    </div>
</div>
</section>
```

第4画面（サンプル画像の一覧）の編集

第4画面（<div id="portfolio">～</div>）は、サンプル画像の一覧を表示します。「サムネイルの画像をクリックすると、ピクチャボックスがポップアップしてフルサイズの画像が表示される」仕組みになっています。計6セットの画像が配置されますが、1セットにつきサムネイルとフルサイズの画像のリンク先を「static」以下に設定することが必要になります。例えば、

```
<a class="portfolio-box"
   href="assets/img/portfolio/fullsize/1.jpg"
   title="Project Name">
```

となっているところを

```
<a class="portfolio-box"
   href="{{ url_for('static', filename='assets/img/portfolio/fullsize/1.jpg')}}"
   title="Project Name">
```

のように、"{{ url_for('static', filename='static以下のファイルパス')}}"に書き換えます。このとき、filenameに設定するファイルパスは、元のhref属性のファイルパスをそのまま記述することになります。

▼第4画面（<div id="portfolio">～</div>）の編集

```
<!-- 第4画面: 写真一覧 -->
<!-- Portfolio-->
<div id="portfolio">
    <div class="container-fluid p-0">
        <div class="row g-0">
            <div class="col-lg-4 col-sm-6">
                <!-- サムネイルと画像のリンク先を設定 -->
                <a  class="portfolio-box"
    href="{{ url_for('static', filename='assets/img/portfolio/fullsize/1.jpg')}}"
                    title="Project Name">
                    <img class="img-fluid"
    src="{{ url_for('static', filename='assets/img/portfolio/thumbnails/1.jpg')}}"
                    alt="..." />
```

```
                    <div class="portfolio-box-caption">
                        <div class="project-category text-white-50">Category</div>
                        <div class="project-name">Project Name</div>
                    </div>
                </a>
            </div>
            <div class="col-lg-4 col-sm-6">
                <!-- サムネイルと画像のリンク先を設定 -->
                <a  class="portfolio-box"
href="{{ url_for('static', filename='assets/img/portfolio/fullsize/2.jpg')}}"
                    title="Project Name">
                    <img class="img-fluid"
src="{{ url_for('static', filename='assets/img/portfolio/thumbnails/2.jpg')}}"
                        alt="..." />
                    <div class="portfolio-box-caption">
                        <div class="project-category text-white-50">Category</div>
                        <div class="project-name">Project Name</div>
                    </div>
                </a>
            </div>
            <div class="col-lg-4 col-sm-6">
                <!-- サムネイルと画像のリンク先を設定 -->
                <a  class="portfolio-box"
href="{{ url_for('static', filename='assets/img/portfolio/fullsize/3.jpg')}}"
                    title="Project Name">
                    <img class="img-fluid"
src="{{ url_for('static', filename='assets/img/portfolio/thumbnails/3.jpg')}}"
                        alt="..." />
                    <div class="portfolio-box-caption">
                        <div class="project-category text-white-50">Category</div>
                        <div class="project-name">Project Name</div>
                    </div>
                </a>
            </div>
            <div class="col-lg-4 col-sm-6">
```

```
                <!-- サムネイルと画像のリンク先を設定 -->
                <a  class="portfolio-box"
        href="{{ url_for('static', filename='assets/img/portfolio/fullsize/4.jpg')}}"
                    title="Project Name">
                    <img class="img-fluid"
        src="{{ url_for('static', filename='assets/img/portfolio/thumbnails/4.jpg')}}"
                        alt="..." />
                    <div class="portfolio-box-caption">
                        <div class="project-category text-white-50">Category</div>
                        <div class="project-name">Project Name</div>
                    </div>
                </a>
            </div>
            <div class="col-lg-4 col-sm-6">
                <!-- サムネイルと画像のリンク先を設定 -->
                <a  class="portfolio-box"
        href="{{ url_for('static', filename='assets/img/portfolio/fullsize/5.jpg')}}"
                    title="Project Name">
                    <img class="img-fluid"
        src="{{ url_for('static', filename='assets/img/portfolio/thumbnails/5.jpg')}}"
                        alt="..." />
                    <div class="portfolio-box-caption">
                        <div class="project-category text-white-50">Category</div>
                        <div class="project-name">Project Name</div>
                    </div>
                </a>
            </div>
            <div class="col-lg-4 col-sm-6">
                <!-- サムネイルと画像のリンク先を設定 -->
                <a  class="portfolio-box"
        href="{{ url_for('static', filename='assets/img/portfolio/fullsize/6.jpg')}}"
                    title="Project Name">
                    <img class="img-fluid"
        src="{{ url_for('static', filename='assets/img/portfolio/thumbnails/6.jpg')}}"
                        alt="..." />
```

```
                    <div class="portfolio-box-caption p-3">
                        <div class="project-category text-white-50">Category</div>
                        <div class="project-name">Project Name</div>
                    </div>
                </a>
            </div>
        </div>
    </div>
</div>
```

第5画面(ログインボタンを配置)の編集

サンプル画像の一覧の下に配置されている画面(<section>～</section>のブロック)には、ボタンが1個配置されています。ここでは、次の編集をします。

・<section>タグにid="login"を追加し、ナビゲーションメニューの「Login」を選択したときにスクロールして表示されるようにする
・タイトルのテキストを変更
・ボタンのテキストを「Login Now!」に変更する

▼第5画面(<section>～</section>のブロック)の編集

```
<!-- 第5画面 -->
<!-- Call to action-->
<!-- id="login"を追加 -->
<section class="page-section bg-dark text-white" id="login">
    <div class="container px-4 px-lg-5 text-center">
        <!-- タイトルのテキストを変更 -->
        <h2 class="mb-4">Login here!</h2>
         <!-- Download Now!ボタンをLogin Now!に変更 -->
        <a class="btn btn-light btn-xl"
           href="https://startbootstrap.com/theme/creative/">Login Now!</a>
    </div>
</section>
```

第6画面（フォーム）の編集

第6画面（<section>～</section>のブロック）には、フォームが配置されています。ここでは、ブロック末尾の電話番号を表示するブロック（<div class="row gx-4 gx-lg-5 justify-content-center">～</div>）を削除しておきましょう。

▼第6画面（<section>～</section>のブロック）の編集

```
<!-- 第6画面: フォーム -->
<!-- Contact-->
<section class="page-section" id="contact">
    <div class="container px-4 px-lg-5">
        <div class="row gx-4 gx-lg-5 justify-content-center">
            <div class="col-lg-8 col-xl-6 text-center">
                <h2 class="mt-0">Let's Get In Touch!</h2>
                ......省略......
        <form id="contactForm" data-sb-form-api-token="API_TOKEN">
                ......省略......

        <!-- 電話のブロックを削除 -->
        <div class="row gx-4 gx-lg-5 justify-content-center">
            <div class="col-lg-4 text-center mb-5 mb-lg-0">
                <i class="bi-phone fs-2 mb-3 text-muted"></i>
                <div>+1 (555) 123-4567</div>
            </div>
        </div>
    </div>
</section>
```

削除する

第7画面(フッター)の編集

ページの最下部に配置されるフッター(<footer>〜</footer>のブロック)では、テキストのみを編集します。

▼第7画面(フッター)の編集

```
<!-- Footer-->
<!-- フッターのテキスト書き換え -->
<footer class="bg-light py-5">
    <div class="container px-4 px-lg-5">
        <div class="small text-center text-muted">
            Copyright &copy; 2023 - Picture Post App
        </div>
    </div>
</footer>
```

JavaScriptのリンク先を変更

フッターの<footer>〜</footer>のブロックの下にサンプルデータのJavaScriptのリンクを設定している箇所があります。リンク先を「static」フォルダー以下のファイルパスに書き換えます。

▼JavaScriptのリンク先を変更

```
        <!-- Bootstrap core JS-->
        <script src="https://cdn.jsdelivr.net/npm/.../dist/js/bootstrap.bundle.min.js">
        </script>
        <!-- SimpleLightbox plugin JS-->
        <script src="https://cdnjs.cloudflare.com/ajax/libs/.../simpleLightbox.min.js">
        </script>
        <!-- Core theme JS-->
        <!-- サンプルのJSのリンク先を設定 -->
        <script src="{{url_for('static', filename='js/scripts.js')}}"></script>
        <script src="https://cdn.startbootstrap.com/sb-forms-latest.js"></script>
    </body>
</html>
```

開発サーバーを起動してトップページを表示してみよう

開発サーバーを起動して、トップページを表示してみましょう。**ターミナル**を起動し、仮想環境上でプロジェクトフォルダー(picture_project)が作業ディレクトリになっていることを確認し、「flask run」コマンドを実行しましょう。ブラウザーを起動し、「http://127.0.0.1:5000」にアクセスすると、次のようにトップページが表示されます。

■図6.11 トップページ(http://127.0.0.1:5000)

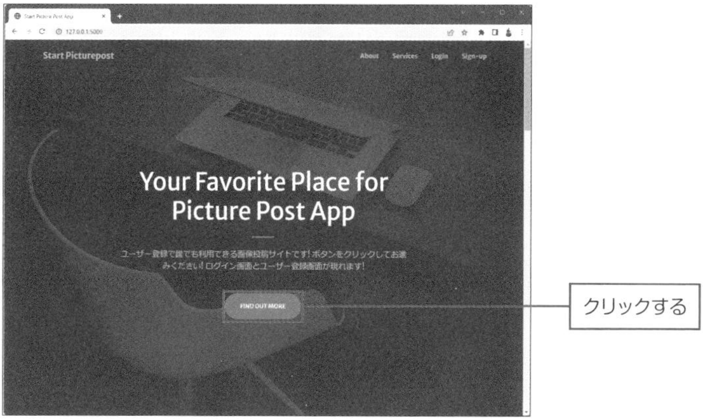

■図6.12 サンプル画像の一覧とログインボタン

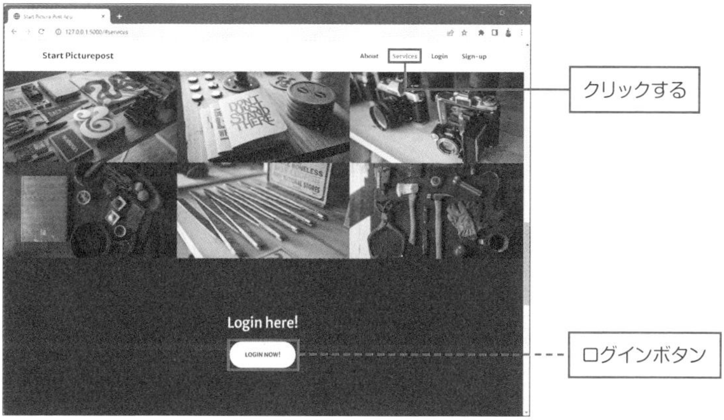

ナビゲーションメニューや各種のボタンをクリックして、該当の画面が表示されるかどうか確認してみてください。

6.2 ユーザー情報を管理するデータベースを用意する

ユーザー情報を管理するデータベースを次の手順で用意します。
- モデルクラスUserの定義
- データベース関連の処理を追加（settings.py、__init__.py、app.py）
- マイグレーションの実行

ユーザー情報を扱うモデルクラスUserを定義する

ユーザー情報を登録するデータベースと連携するためのモデルクラスUserを定義します。**エクスプローラー**でプロジェクトフォルダー以下の「apps」を右クリックして**新しいファイル**を選択して、モジュール「models.py」を作成しましょう。

■図6.13 「apps」フォルダー以下に「models.py」を作成

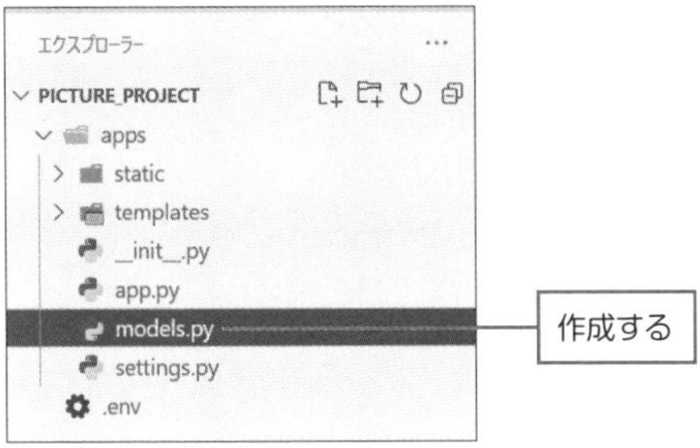

●Flask-Loginのインストール

これから定義するUserクラスは、SQLAlchemyのModelクラスのほかにFlask-LoginのUserMixinクラスを継承したサブクラスとして定義します。事前にFlaskの拡張ライブラリFlask-Loginをインストールしておきましょう。開発作業中のVSCodeで**ターミナル**パネルを開き、次のように入力してインストールしましょう。

▼Flask-Loginをインストールする

```
pip install flask-login
```

Userクラスの定義

作成した「models.py」を**エディター**で開いて、次のように入力しましょう。

▼モデルクラスUserの定義 (picture_project/apps/models.py)

```
from datetime import datetime
# werkzeug.securityからパスワード関連の関数をインポート
from werkzeug.security import generate_password_hash, check_password_hash
# flask_loginからUserMixinクラスをインポート
from flask_login import UserMixin
# app.pyから SQLAlchemyのインスタンスdbをインポート
from apps.app import db

class User(db.Model, UserMixin):
    """モデルクラス
    db.ModelとUserMixinを継承


    """
    # テーブル名を「users」にする
    __tablename__ = "users"

    # 自動的に連番を振るフィールド、プライマリーキー
    id = db.Column(
        db.Integer,           # Integer型
          primary_key=True,   # プライマリーキーに設定
          autoincrement=True) # 自動連番を振る

    # ユーザー名用のフィールド
    username = db.Column(
          db.String(30),     # String型(最大文字数30)
          index=True,        # インデックス
          nullable=False)    # 登録を必須にする

    # メールアドレス用のフィールド
    email = db.Column(
```

```
        db.String,          # String型
        index=True,         # インデックス
        unique=True,        # ユニークキー
        nullable=False)     # 登録を必須にする

    # パスワード用のフィールド
    password_hash = db.Column(
        db.String,          # String型
        nullable=False)     # 登録を必須にする

    # 投稿日のフィールド
    create_at = db.Column(
        db.DateTime,            # DatTime型
        default=datetime.now) # 登録時の日時を取得

    @property
    def password(self): ──────────────────────────────── ❶
        """passwordプロパティの定義

        Raises:
            AttributeError: 読み取り不可
        """
        # プロパティが直接参照された場合はAttributeErrorを発生させる
        raise AttributeError('password is not a readable')

    @password.setter
    def password(self, password): ─────────────────────── ❷

        """passwordプロパティのセッター

        トップページのビューにおいてフォームに入力されたパスワードを
        passwordプロパティにセットするときに呼ばれる

        Args:
            password (str): サインインのフォームで入力されたパスワード
```

```
        """
        # ハッシュ化したパスワードをpassword_hashフィールドに格納
        self.password_hash = generate_password_hash(password)

    def is_duplicate_email(self): ──────────────────── ❸
        """ユーザー登録時におけるメールアドレスの重複チェックを行う

        Returns:
            bool: メールアドレスが重複している場合はTrueを返す
        """
        # データベースから、「emailカラムの内容がサインアップフォームで入力された
        # メールアドレスと一致するレコード」を取得
        # 該当するレコードが取得された場合はTrueを返し、
        # 取得できない場合はFalseを返す
        return User.query.filter_by(
            email=self.email).first() is not None
```


●コード解説

❶def password(self):

デコレーター@propertyが設定された、passwordプロパティの宣言部です。サインインのフォームで入力されたパスワードは、passwordプロパティからpassword_hashフィールドに格納するようにします。このプロパティは書き込み専用なので、プロパティ値が参照された場合は値を返すことはせずに、

```
raise AttributeError('password is not a readable')
```

で「読み取り不可」のエラーを発生させるようにしています。Pythonのプロパティについては、章末のコラムを参照してください。

❷def password(self, password):

デコレーター@password.setterが設定された、passwordプロパティのセッター（プロパティに値を設定するメソッドのこと）です。パラメーターのpasswordは、サインインのフォームで入力されたパスワードの文字列を受け取るためのものです。処理部の

```
self.password_hash = generate_password_hash(password)
```

では、サインインのフォームで入力されたパスワードの文字列をハッシュ化してpassword_hashフィールドに格納します。werkzeug.securityのgenerate_password_hash()関数は、引数に設定された文字列(パスワード)をハッシュ化し、戻り値として返します。

❸ def is_duplicate_email(self):

「サインアップのフォームで入力されたメールアドレスが、すでに登録済みかどうか」をチェックする関数です。データベースから、「emailカラムの内容がサインアップフォームで入力されたメールアドレスと一致するレコード」の取得を試み、取得に成功した場合はTrue、失敗した場合はFalseを返します。

Werkzeugとは　コラム

Pythonでは、FlaskのようなWebアプリケーションフレームワークとWebサーバーとを接続するインターフェイス(接続用の機能)を提供するための、「WSGI」と呼ばれる仕様が定められています。

本文257ページのコードリストの2～3行目に出てきたWerkzeug(ヴェルクツォイク)はFlaskの拡張ライブラリで、WSGIを実現するための機能(ユーティリティ)が収録されています。

ユーザー情報を管理するデータベースを用意する

ユーザー情報を管理するデータベースを、次の手順で構築します。

・settings.pyにデータベース関連の環境変数を登録
・「apps」の「__init__.py」に「models.py」のインポート文を記述
・「app.py」にデータベース関連の処理を追加

settings.pyにデータベース関連の環境変数を登録しよう

「settings.py」を**エディター**で開き、データベース関連の環境変数として

・**SQLALCHEMY_DATABASE_URI:** データベースファイルのパス
・**SECRET_KEY:** セッションを識別する際のシークレットキーの値

を登録しましょう。

▼データベース関連の環境変数を登録（picture_project/apps/settings.py）

```
import os

# モジュールの親ディレクトリのフルパスを取得
basedir = os.path.dirname(os.path.dirname(__file__))
# 親ディレクトリのpict.sqliteをデータベースに設定
SQLALCHEMY_DATABASE_URI = 'sqlite:///' + os.path.join(
                                          basedir, 'app.sqlite')

# シークレットキーの値として10バイトの文字列をランダムに生成
SECRET_KEY = os.urandom(10)
```

「apps」フォルダーの「__init__.py」に「models.py」のインポート文を記述する

「apps」フォルダーに作成した「__init__.py」を**エディター**で開いて、次のように「apps/models.py」のインポート文を記述します。これは、マイグレーションの際に必要になるためです。

▼「apps/models.py」のインポート文を記述 (picture_project/apps/__init__.py)

```
# apps/models.pyをインポート
# マイグレーションの際に必要
import apps.models
```

app.pyにデータベース関連の処理を追加しよう

「Post picture」アプリのファイル「app.py」を**エディター**で開いて、データベース関連の処理を追加しましょう。

▼アプリのモジュールにデータベース関連の初期化処理を追加
(picture_project/apps/app.py)

```
"""
初期化処理
"""
from flask import Flask

# Flaskのインスタンスを生成
app = Flask(__name__)
# 設定ファイルを読み込む
app.config.from_pyfile('settings.py')

"""SQLAlchemyの登録
"""
# SQLAlchemyのインスタンスを生成
from flask_sqlalchemy import SQLAlchemy
db = SQLAlchemy()
# SQLAlchemyオブジェクトにFlaskオブジェクトを登録する
db.init_app(app)

"""Migrateの登録
"""
# Migrateオブジェクトを生成して
# FlaskオブジェクトとSQLAlchemyオブジェクトを登録する
```

```
from flask_migrate import Migrate
Migrate(app, db)

"""トップページのルーティング
"""
from flask import render_template
@app.route('/', methods=['GET', 'POST'])
def index():
    # index.htmlをレンダリングする
    return render_template('index.html')
```


マイグレーションを実行してデータベースを作成しよう

VSCodeの**ターミナル**メニューの**新しいターミナル**を選択して、ターミナルを表示します。作業ディレクトリが

```
(venv_webapp) PS C:\flaskproject\picture_project>
```

のようにプロジェクトフォルダーになっているので、次のように入力して Enter キーを押します。

▼flask db initコマンドの実行

```
flask db init
```

続いてflask db migrateコマンドを実行します。コマンド実行後、モデルクラスの情報が読み込まれて、「picture_project」➡「migrations」以下の**versions**フォルダーに、マイグレーション用のモジュールが作成されます。同時に、「picture_project」直下にデータベースファイル「app.sqlite」が作成されます。

▼flask db migrateコマンドの実行

```
flask db migrate
```

次にflask db upgradeを実行します。コマンド実行後、マイグレーションファイル

の内容が読み込まれて、データベースにテーブルが作成されます。

▼flask db upgradeコマンドの実行

```
flask db upgrade
```

●作成したデータベースのテーブルを確認してみよう

作成したデータベースを、VSCodeの拡張機能「SQLite3 Editor」で確認してみましょう（インストール方法は3.2節で紹介しています）。

エクスプローラーでデータベースファイル「app.sqlite」を選択します。**エクスプローラー**の下部に**SQLITE3 EDITOR TABLES**タブが表示されるので、これを展開し、テーブル名「users table」をクリックしましょう。

■図6.14 「SQLite3 Editor」でテーブルを表示

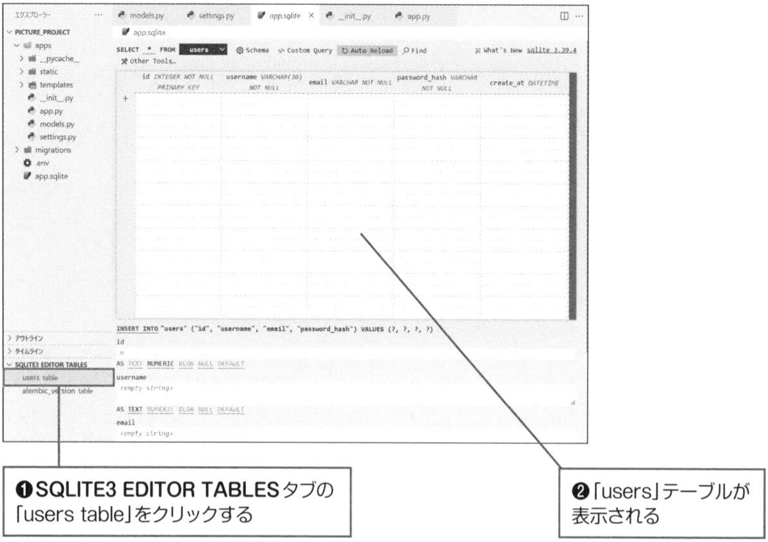

テーブルが表形式で表示され、「id」、「username」、「email」、「password_hash」の4つのカラム（列）が確認できます。

6.3

サインアップの仕組みを作る

ユーザー情報を管理するデータベースが用意できたので、サインアップの仕組みを作っていきましょう。

トップページ用のフォームクラスを定義しよう

トップページには、サインアップ用のフォームが配置されています。フォームをプログラムから扱うためのフォームクラスを定義するモジュール「forms.py」を、「apps」フォルダー以下に作成しましょう。**エクスプローラー**で「apps」フォルダーを右クリックして**新しいファイル**を選択し、「forms.py」と入力してモジュールを作成します。

図6.15 「apps」フォルダー以下に「forms.py」を作成

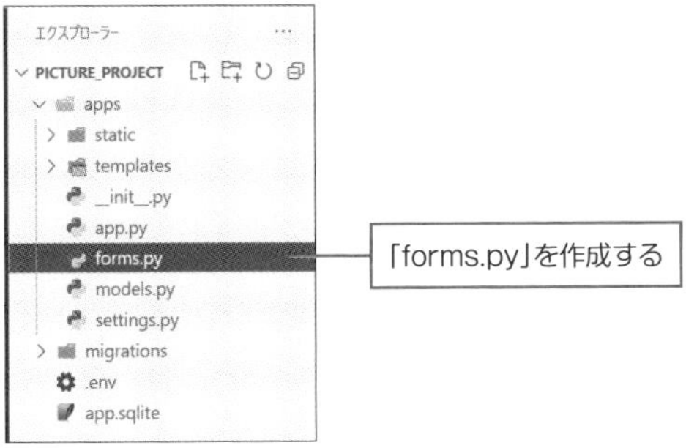

フォームクラス「SignupForm」を定義しよう

作成した「forms.py」を**エディター**で開いて、フォームクラス「SignupForm」を定義しましょう。

▼フォームクラス「SignupForm」の定義(picture_project/apps/forms.py)

```
from flask_wtf import FlaskForm
from wtforms import StringField, PasswordField, SubmitField
from wtforms.validators import DataRequired, Email, length

class SignupForm(FlaskForm):
    """サインアップ画面のフォームクラス
```

```
    Attributes:
        username: ユーザー名
        email: メールアドレス
        password: パスワード
        submit: 送信ボタン
    """
    username = StringField(
        "ユーザー名",
        validators=[DataRequired(message="入力が必要です。"),
                    length(max=30, message="30文字以内で入力してください。"),]
    )
    email = StringField(
        "メールアドレス",
        validators=[DataRequired(message="入力が必要です。"),
                    Email(message="メールアドレスの形式で入力してください。"),]
    )
    password = PasswordField(
        "パスワード",
        validators=[DataRequired(message="入力が必要です。"),
                    length(min=6, message="6文字以上で入力してください。"),]
    )
    # フォームのsubmitボタン
    submit = SubmitField("新規登録")
```

トップページのビューにフォームの処理を組み込もう

トップページのビューindexに、「テンプレートのフォームに入力されたデータを取得し、データベースのテーブルに登録する」処理を追加しましょう。ビューindexはほぼすべてが書き換えになります。

▼トップページのビューindexにフォームデータの処理を実装する
（picture_project/apps/app.py）

```
"""
初期化処理
"""
from flask import Flask

# Flaskのインスタンスを生成
app = Flask(__name__)
# 設定ファイルを読み込む
app.config.from_pyfile('settings.py')

"""SQLAlchemyの登録
"""
# SQLAlchemyのインスタンスを生成
from flask_sqlalchemy import SQLAlchemy
db = SQLAlchemy()
# SQLAlchemyオブジェクトにFlaskオブジェクトを登録する
db.init_app(app)

"""Migrateの登録
"""
# Migrateオブジェクトを生成して
# FlaskオブジェクトとSQLAlchemyオブジェクトを登録する
from flask_migrate import Migrate
Migrate(app, db)

"""トップページのルーティング
"""
from flask import render_template, url_for, redirect, flash
from apps import models # apps/models.pyをインポート
from apps import forms  # apps/forms.pyをインポート


@app.route('/', methods=['GET', 'POST'])
def index():
```

```
    # SignupFormをインスタンス化
    form = forms.SignupForm() ──────────────────❶
    # サインアップフォームのsubmitボタンが押されたときの処理
     if form.validate_on_submit(): ─────────────❷
        # モデルクラスUserのインスタンスを生成
        user = models.User( ────────────────────❸
            # フォームのusernameに入力されたデータを取得して
            # Userのusernameフィールドに格納
            username=form.username.data,
            # フォームのemailに入力されたデータを取得して
            # Userのemailフィールドに格納
            email=form.email.data,
            # フォームのpasswordに入力されたデータを取得して
            # Userのpasswordプロパティに格納
            password=form.password.data,
        )
        # メールアドレスの重複チェック
        if user.is_duplicate_email(): ──────────❹
            # メールアドレスがすでに登録済みの場合は
            # メッセージを表示してエンドポイントindexにリダイレクト
            flash("登録済みのメールアドレスです")
            return redirect(url_for('index'))

        # Userオブジェクトをレコードのデータとして
        # データベースのテーブルに追加
        db.session.add(user) ───────────────────❺
        # データベースを更新
        db.session.commit()
        # 処理完了後、エンドポイントindexにリダイレクト
        return redirect(url_for('index'))

    # トップページへのアクセスは、index.htmlをレンダリングして
    # SignupFormのインスタンスformを引き渡す
    return render_template('index.html', form=form) ──❻
```

●コード解説

❶ form = forms.SignupForm()

フォームクラスSignupFormをインスタンス化します。SignupFormクラスが定義されているモジュールは冒頭でインポートしています。

❷ if form.validate_on_submit():

サインアップフォームのsubmitボタンがクリックされたことを検知します。

❸ user = models.User(...

モデルクラスUserをインスタンス化します。

```
username=form.username.data,
email=form.email.data,
```

において、サインアップフォームに入力されたユーザー名をusernameフィールドに、メールアドレスをemailフィールドに、それぞれ格納します。

```
password=form.password.data,
```

では、サインアップフォームに入力されたパスワードをUserクラスのpasswordプロパティにセットしています。このとき、passwordプロパティのセッター

```
@password.setter
def password(self, password):
    self.password_hash = generate_password_hash(password)
```

が実行され、パスワードの文字列がハッシュ化された状態でpassword_hashフィールドに格納されます。

❹ if user.is_duplicate_email():

モデルクラスUserのis_duplicate_email()メソッドは、現在のUserオブジェクト(❸で生成したインスタンス)のpasswordフィールドに格納されているメールアドレスをデータベースのusersテーブルから検索し、同じメールアドレスが存在する場合はTrueを返します。

Trueが返された場合はフラッシュメッセージ

```
flash("登録済みのメールアドレスです")
```

を設定し、

```
return redirect(url_for('index'))
```

を実行してトップページにリダイレクトします。

❺db.session.add(user)

メールアドレスが重複していなければ、現在のUserオブジェクトをレコードのデータとしてデータベースのusersテーブルに登録します。続く

```
db.session.commit()
```

でデータベースの更新が行われます。

❻return render_template('index.html', form=form)

トップページへのアクセスはindex.htmlをレンダリングします。その際に、❶で生成した「フォームクラスSignupFormのインスタンス」をformに格納し、レンダリングエンジンに引き渡します。

トップページのテンプレートにサインアップフォームを組み込もう

トップページの下部にサインアップ用のフォームが配置されていますが、フォームクラスSignupFormと連動して動作するものに書き換えましょう。

「apps」➡「templates」以下の「index.html」を**エディター**で開いて、フォームを表示する箇所を次のように書き換えます。

▼トップページのフォームを表示する箇所（第6画面）
（picture_project/apps/templates/index.html）

```
<!-- 第6画面： フォーム -->
<!-- Contact-->
<section class="page-section" id="contact">
```

```
<div class="container px-4 px-lg-5">
    <div class="row gx-4 gx-lg-5 justify-content-center">
        <div class="col-lg-8 col-xl-6 text-center">
            <h2 class="mt-0">Let's Get In Touch!</h2>
            <hr class="divider" />
            <p class="text-muted mb-5">Ready to start your next project with us?
              Send ... get back to you as soon as possible!</p>
        </div>
    </div>
    <div class="row gx-4 gx-lg-5 justify-content-center mb-5">
        <div class="col-lg-6">
            <!-- * * * * * * * * * * * * * * *-->
            <!-- * * SB Forms Contact Form * *-->
            <!-- * * * * * * * * * * * * * * *-->
            <!-- This form is pre-integrated with SB Forms.-->
            <!-- To make this form functional, sign up at-->
            <!-- https://startbootstrap.com/solution/contact-forms-->
             <!-- to get an API token!-->
            <!--フォームを配置
                バリデーションはflask_wtfで行うので
                novalidateを設定してHTMLのバリデーションを無効にする-->
           <form action="{{url_for('index')}}"
                   method="POST"
                   novalidate="novalidate">
                <!-- フラッシュメッセージを出力 -->
                {% for message in get_flashed_messages() %}
                <p style="color:red">{{ message }}</p>
                {% endfor %}
                <!-- CSRF対策機能を有効にする -->
                {{form.csrf_token}}
                <p>
                    <!-- usernameに設定されているラベルを表示 -->
                    {{form.username.label}}
                    <!-- usernameの入力欄を配置 -->
                    {{form.username(placeholder="ユーザー名")}}
```

```
                        <!-- バリデーションにおけるエラーメッセージを出力-->
                        {% for error in form.username.errors %}
                        <span style="color:red">{{ error }}</span>
                        {% endfor %}
                    </p>
                    <p>
                        <!-- emailに設定されているラベルを表示 -->
                        {{form.email.label}}
                        <!-- emailの入力欄を配置 -->
                        {{form.email(placeholder="メールアドレス")}}
                        <!-- バリデーションにおけるエラーメッセージを出力-->
                        {% for error in form.email.errors %}
                        <span style="color:red">{{ error }}</span>
                        {% endfor %}
                    </p>
                    <p>
                        <!-- passwordに設定されているラベルを表示 -->
                        {{form.password.label}}
                        <!-- passwordの入力欄を配置 -->
                        {{form.password(placeholder="パスワード")}}
                        <!-- バリデーションにおけるエラーメッセージを出力-->
                        {% for error in form.password.errors %}
                        <span style="color:red">{{ error }}</span>
                        {% endfor %}
                    </p>
                    <p>
                        <!-- 送信ボタンを配置 -->
                        {{form.submit()}}
                    </p>
                </form>
            </div>
        </div>
    </div>
</section>
```

トップページを表示してサインアップしてみよう

開発サーバーを起動してトップページを表示し、サインアップのフォームからユーザー登録をしてみましょう。**ターミナル**を起動し、仮想環境上でプロジェクトフォルダー(picture_project)が作業ディレクトリになっていることを確認して、「flask run」コマンドを実行しましょう。ブラウザーで「http://127.0.0.1:5000」にアクセスし、ナビゲーションメニューの**Sign-up**をクリックしてサインアップの画面に移動します。

図6.16　トップページのサインアップの画面(http://127.0.0.1:5000/#contact)

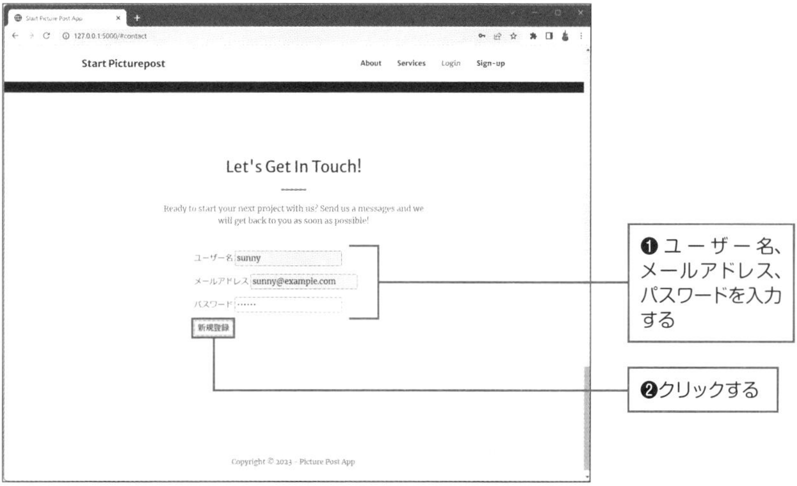

ユーザー登録後に、ユーザー情報が登録されているかどうか、VSCodeの拡張機能「SQLite3 Editor」で確認してみましょう。

図6.17　「SQLite3 Editor」でテーブルを表示

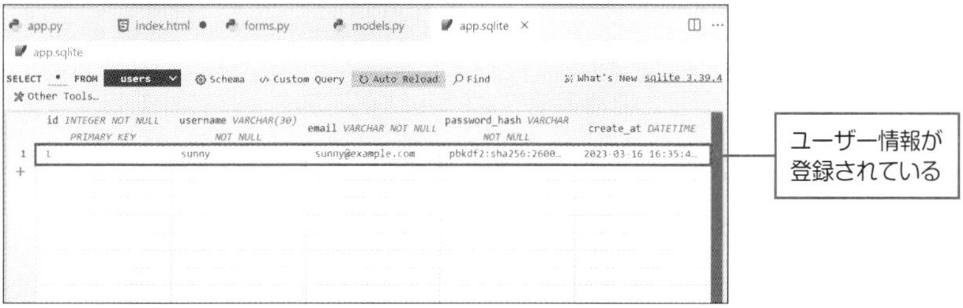

Pythonのプロパティ　コラム

プロパティとは、クラスで定義されたフィールド（インスタンス変数やクラス変数）を保護するための仕組みのことであり、ゲッターとセッターの2種類をメソッドの形式で定義します。ゲッターは、フィールドの値を返すためのもので、@propertyデコレーターを使って

```
@property
def x(self):
    return self._x
```

のように定義します。呼び出し側では、プロパティ名「x」と記述することで、フィールド「_x」の値を取得できる仕組みです。一方、セッターはフィールドに値を設定するためのもので、デコレーターの「@プロパティ名.setter」を使って定義します。上の例ではプロパティ名がxなので、

```
@x.setter
def x(self, value):
    self._x = value
```

のように定義します。この場合、パラメーターvalueが設定されているので、呼び出し側では

インスタンス.x = 100

とした場合、セッターxのパラメーターvalueに「100」が渡され、self._x = valueによってフィールド_xに「100」が代入されます。

第7章

ユーザー認証の仕組みを実装する

7.1

Post pictureアプリでログイン／ログアウト機能を使えるようにする

この章では、開発中のPost pictureアプリに、

・ログイン／ログアウトの機能を実装したアプリ「authapp」
・ログイン後に実行される画像投稿機能を実装したアプリ「pictapp」

を追加します。ここでは、「authapp」を搭載するための準備として、「app.py」に次の処理を追加します。

・LoginManagerのインスタンスを生成
・Blueprint「authapp」の登録

「app.py」にLoginManagerの処理を追加しよう

Flask-LoginのLoginManagerクラスには、ログイン／ログアウトの処理を行う機能が搭載されています。「app.py」における初期化処理として、LoginManagerをインスタンス化し、インスタンスにFlaskインスタンスを組み込む処理を追加しましょう。

「apps」フォルダー以下の「app.py」を**エディター**で開いて、以下のコードを追加します。

▼「app.py」にLoginManagerの処理を追加する (picture_project/apps/app.py)

```
"""
初期化処理
"""
from flask import Flask

# Flaskのインスタンスを生成
app = Flask(__name__)
# 設定ファイルを読み込む
app.config.from_pyfile('settings.py')

"""SQLAlchemyの登録
"""
# SQLAlchemyのインスタンスを生成
```

```
from flask_sqlalchemy import SQLAlchemy
db = SQLAlchemy()
# SQLAlchemyオブジェクトにFlaskオブジェクトを登録する
db.init_app(app)

"""Migrateの登録
"""
# Migrateオブジェクトを生成して
# FlaskオブジェクトとSQLAlchemyオブジェクトを登録する
from flask_migrate import Migrate
Migrate(app, db)

"""LoginManagerの登録
"""
from flask_login import LoginManager

# LoginManagerのインスタンスを生成
login_manager = LoginManager()
# 未ログイン時にリダイレクトするエンドポイントを設定
login_manager.login_view = 'index'
# ログインしたときのメッセージを設定
login_manager.login_message = ''
# LoginManagerをアプリに登録する
login_manager.init_app(app)

"""トップページのルーティング
"""
from flask import render_template, url_for, redirect, flash
from apps import models # apps/models.pyをインポート
from apps import forms  # apps/forms.pyをインポート

@app.route('/', methods=['GET', 'POST'])
def index():
    # SignupFormをインスタンス化
    form = forms.SignupForm()
    ......省略......
```

Blueprint「authapp」の登録

ログイン／ログアウト機能を実装した「authapp」は、専用のフォルダーを作成して独立したアプリとして搭載するので、ルーティングやビューについても専用のモジュールで定義します。

そのため、authappのルーティングやビューを参照できるように、authapp側で作成されるBlueprintを登録するコードを「apps.py」の末尾に追加しておくことにします。

▼「apps.py」の末尾に追加するコード (picture_project/apps/app.py)

```
"""Blueprint「authapp」の登録
"""
# authappのモジュールviews.pyからBlueprint「authapp」をインポート
from apps.authapp.views import authapp

# FlaskオブジェクトにBlueprint「authapp」を登録
# URLのプレフィクスを/authにする
app.register_blueprint(authapp, url_prefix='/auth')
```

7.2

アプリ「authapp」の作成

登録済みのユーザーが、第8章で作成する画像投稿アプリ「pictapp」にログイン／ログアウトする——という処理を行う「authapp」を作成します。

authappに必要なフォルダー、モジュールを作成する

「authapp」で必要になる次のフォルダーやモジュールを、プロジェクトフォルダーの「apps」フォルダー以下に作成しましょう。

「apps」フォルダー以下に「authapp」フォルダーを作成し、次のフォルダーやモジュールを格納します。

・templates_auth：テンプレート用のフォルダー
・static_auth：静的ファイル用のフォルダー
・__init__.py：パッケージとしての初期化処理を行うモジュール
・forms.py：フォームクラスを定義するモジュール
・views.py：ルーティング、ビュー、Blueprintを定義するモジュール

次は、「apps」フォルダー以下に「authapp」フォルダーを作成し、内部に上記のフォルダーやモジュールを作成したところです。

図7.1　VSCodeの［エクスプローラー］

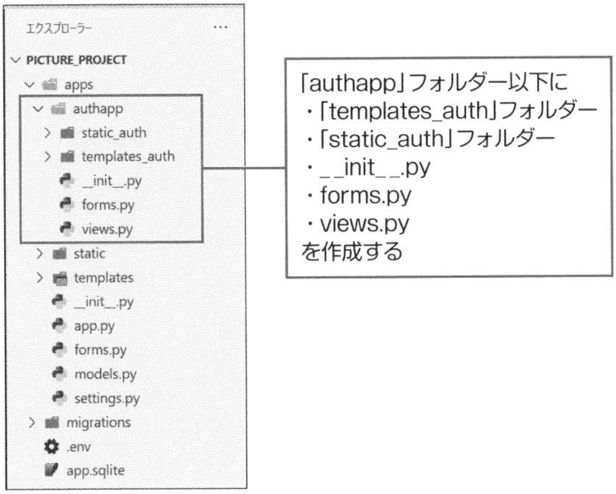

authappのBlueprint、ルーティング、ビューの定義

authappのBlueprintを定義し、ログインページのルーティングとビューを定義します。ログインページのビューではユーザー認証の処理が行われます。「authapp」以下に作成したviews.pyを**エディター**で開いて、次のように入力しましょう。

▼authappのBlueprint、ログインページのルーティングとビューの定義（picture_project/apps/authapp/views.py）

```
from flask import Blueprint

""" 識別名をauthappにしてBlueprintオブジェクトを生成

    テンプレートフォルダーは'templates_auth'
    staticフォルダーは'static_auth'
"""
authapp = Blueprint(
    'authapp',
    __name__,
    template_folder='templates_auth',
    static_folder='static_auth',
    )

"""authappのログインページのルーティングとビューの定義

    ユーザー認証を行う
"""
from flask import render_template, url_for, redirect, flash
from flask_login import login_user
from sqlalchemy import select
from apps.authapp import forms # authapp/forms.py
from apps import models         # apps/models.py
from apps.app import db         # apps/blogapp.pyからdbをインポート

@authapp.route('/', methods=['GET', 'POST'])
def index():
```

```
    # LoginFormをインスタンス化
    form = forms.LoginForm()
    # ログインフォームのsubmitボタンが押されたときの処理
    if form.validate_on_submit():
        # データベースのusersテーブルからemailカラムで
        # form.email.dataと一致するレコードを取得(1件)する
        stmt = (
            select(models.User).filter_by(email=form.email.data).limit(1)
        )
        # データベースにクエリを発行して結果を取得する
        user = db.session.execute(stmt).scalars().first()

        # ユーザーが存在し、パスワードが一致する場合はログインを許可
        # パスワードの照合はUserクラスのverify_password()で行う
        if user is not None and user.verify_password(form.password.data):
            # ユーザー情報をセッションに格納
            login_user(user)
            # pictappのトップページにリダイレクト
            return redirect(url_for('pictapp.index'))
        # ログインチェックがFalseの場合はメッセージを表示
        flash("認証に失敗しました")
    # ログイン画面へのアクセスは、login.htmlをレンダリングして
    # LoginFormのインスタンスformを引き渡す
    return render_template('login.html', form=form)
```

ログインページのビューでは、

・authapp/forms.pyのログインフォームLoginFormをインスタンス化
・ユーザー認証の処理
・認証が成功したらログイン後のページにリダイレクト

などの処理を行います。

フォームクラスLoginFormの定義

ログインページのフォームクラスLoginFormを定義しましょう。「authapp」フォルダーに作成した「forms.py」を**エディター**で開いて、次のように入力します。

▼authappのフォームクラスLoginFormの定義 (picture_project/apps/authapp/forms.py)

```
from flask_wtf import FlaskForm
from wtforms import StringField, PasswordField, SubmitField
from wtforms.validators import DataRequired, Email

class LoginForm(FlaskForm):
    """ログイン画面のフォームクラス

    Attributes:
        email: メールアドレス
        password: パスワード
        submit: 送信ボタン
    """
    email = StringField(
        "メールアドレス",
        validators=[DataRequired(message="メールアドレスの入力が必要です。"),
                    Email(message="メールアドレスの形式で入力してください。"),]
    )
    password = PasswordField(
        "パスワード",
        validators=[DataRequired(message="パスワードの入力が必要です。"),]
    )
    # フォームのsubmitボタン
    submit = SubmitField("ログイン")
```

models.pyの編集

「models.py」に次のものを追加します。

・ログイン中のユーザー情報を返すload_user()関数
・モデルクラスUserに、パスワードの照合を行うverify_password()メソッド

「apps」フォルダー直下の「models.py」を**エディター**で開いて、以下のコードを追加しましょう。

▼モデルクラスUserにverify_password()メソッドを追加（picture_project/apps/models.py）

```
from datetime import datetime
# werkzeug.securityからパスワード関連の関数をインポート
from werkzeug.security import generate_password_hash, check_password_hash
# flask_loginからUserMixinクラスをインポート
from flask_login import UserMixin
# app.pyから SQLAlchemyのインスタンスdbをインポート
from apps.app import db


class User(db.Model, UserMixin):
    """モデルクラス
    db.ModelとUserMixinを継承
    """
    # テーブル名を「users」にする
    __tablename__ = "users"
    ......フィールドの定義省略......

    @property
    def password(self):
        """passwordプロパティの定義
        """
    ......省略......

    @password.setter
    def password(self, password):
```

```
        """passwordプロパティのセッター
        """
        ......省略......

    def is_duplicate_email(self):
        """ユーザー登録時におけるメールアドレスの重複チェックを行う

        Returns:
            bool: メールアドレスが重複している場合はTrueを返す
        """
        ......省略......

    def verify_password(self, password): ──────────── ❶
        """パスワードの照合を行う

        indexビューでログインチェックする際に呼ばれる

        Args:
            password (str): ログイン画面で入力されたパスワード

        Returns:
            bool: パスワードが一致した場合はTrueを返す
        """
        # パラメーターpasswordの値をハッシュ化して
        # 現在のインスタンスのpassword_hashと照合した結果を返す
        return check_password_hash(self.password_hash, password)

# user_loaderはセッションに保存されているユーザーID
# からユーザーオブジェクトを再読み込みする際に呼ばれる
# コールバックを設定する
@login_manager.user_loader ──────────── ❷
def load_user(user_id):
    """ユーザーオブジェクトを再読み込みする際にコールバックされる

    Args:
```

```
        user_id (str): ユーザーid

    Returns:
        object: 対象のユーザーのレコード
    """
    # usersテーブルから指定されたuser_idのレコードを抽出
    return db.session.get(User, user_id)
```

●コード解説

❶def verify_password(self, password):

verify_password()のパラメーターpasswordには、ログインページで入力されたパスワードの文字列が渡されます。これをwerkzeug.securityのcheck_password_hash()関数でハッシュ化してから、データベースのpassword_hashカラムのデータと照合します。self.password_hashには、呼び出し側（indexビュー）で生成されたUserオブジェクト（インスタンス）のpassword_hashのデータ（照合中のユーザーの登録済みパスワード）が格納されます。

❷@login_manager.user_loader
def load_user(user_id):

Userクラスの外部、モジュールレベルで定義されていることに注意してください。Flask-LoginのLoginManagerは、ログイン中のユーザーIDをセッションに保存することで、ログイン／ログアウトの仕組みを提供します。LoginManagerの仕様では、ユーザーがログインした場合、プログラム上でユーザー情報を確認するための関数を定義しておくことになっています。@login_manager.user_loaderは、ユーザー情報の確認時にコールバックされる関数を定義するためのデコレーターです。

コールバックとして定義されたload_user()関数は、パラメーターuser_idでユーザーのid情報を取得し、データベースのusersテーブルから該当のidのレコードを抽出したうえで、これを戻り値として返します。

ログインページのテンプレートを作成しよう

ログインページは、Bootstrapのサンプル「sign-in」を利用して作成することにします。

Bootstrapのサイト（https://getbootstrap.jp/）にアクセスし、**ダウンロード**をクリックします。

■図7.2　Bootstrapのトップページ（https://getbootstrap.jp/）

続いて、「サンプル」の**Download Examples**をクリックしましょう。

■図7.3　サンプルのダウンロードページ

「bootstrap-5.x.x-examples.zip」という名前のZIP形式ファイルがダウンロードされるので、これを解凍します。

サンプル「sign-in」を移植しよう

ダウンロード後、解凍した「bootstrap-5.x.x-examples」を開くと、数多くのサンプルがフォルダーに納められています。「sign-in」というフォルダーがあるので開いてみましょう。

図7.4 「bootstrap-5.x.x-examples」の「sign-in」フォルダーの内部

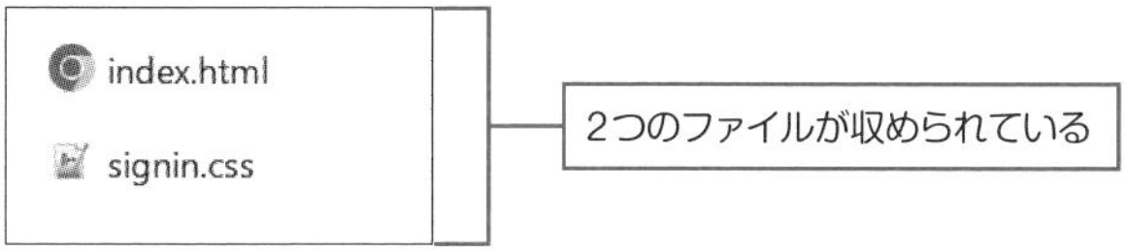

最初にサンプル「sign-in」の「index.html」を「authapp」以下の「templates_auth」フォルダーにコピーしましょう。コピーが済んだらファイル名を「login.html」に書き換えます。

図7.5 サンプルの「index.html」を「templates_auth」フォルダーにコピーしてファイル名を変更する

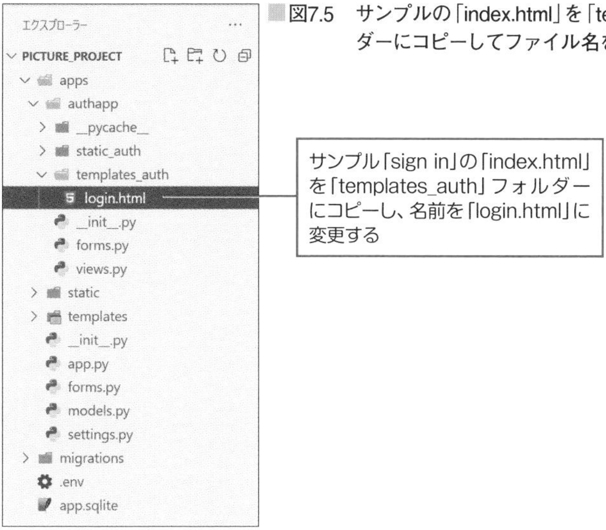

次に、「authapp」の「static_auth」フォルダー以下に「css」フォルダーと「img」フォルダーを作成します。フォルダーを作成したら、サンプル「sign-in」の「signin.css」をコピーして「css」フォルダーに貼り付けます。

続いてBootstrapのサンプル「bootstrap-5.x.x-examples」フォルダーの「assets」という名前のフォルダーを開きます。「brand」という名前のフォルダーがあるのでこれを開きましょう。

■図7.6 「bootstrap-5.x.x-examples」➡「assets」➡「brand」を開いたところ

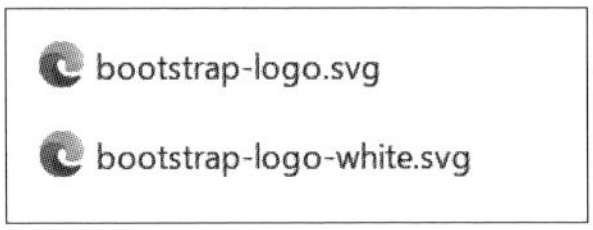

「bootstrap-logo.svg」をロゴマークとして使うので、これをコピーして「authapp」の「static_auth」以下の「img」フォルダーに貼り付けましょう。

■図7.7 「signin.css」、「bootstrap-logo.svg」を貼り付けたところ

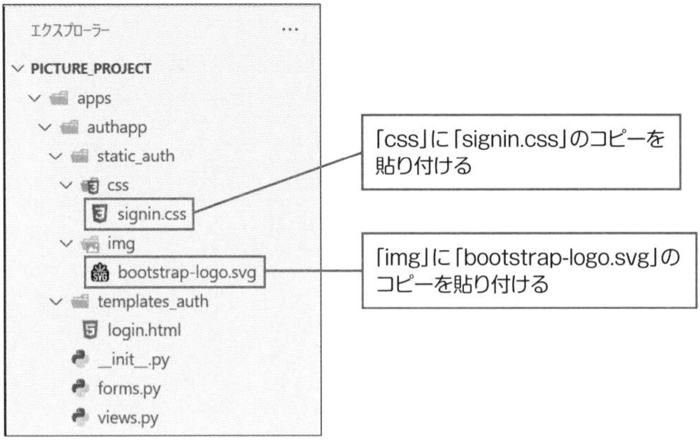

最後に、「bootstrap-5.x.x-examples」➡「assets」➡「dist」➡「css」フォルダーを開いて「bootstrap.min.css」をコピーし、「static_auth」フォルダーの「css」フォルダーに貼り付けます。

図7.8 「bootstrap.min.css」を貼り付けたところ

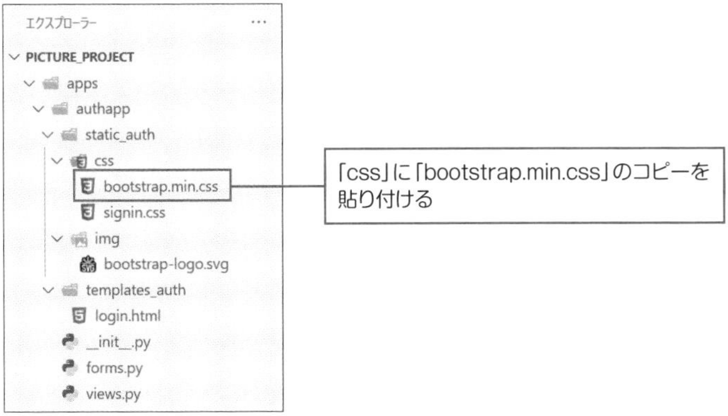

●ログインページのテンプレートを編集しよう

ログインページのテンプレート「login.html」を**エディター**で開いて、以下のように編集しましょう。

▼ログインページのテンプレートを編集
(picture_project/apps/authapp/templates_auth/login.html)

```
<!doctype html>
<!-- 言語指定をjaに変更 -->
<html lang="ja">

<head>
  <meta charset="utf-8">
  <meta name="viewport" content="width=device-width, initial-scale=1">
  <meta name="description" content="">
  <meta name="author" content="Mark Otto, Jacob Thornton, and Bootstrap contributors">
  <meta name="generator" content="Hugo 0.84.0">
  <!-- タイトル変更 -->
  <title>Log in</title>

  <link rel="canonical" href="https://getbootstrap.com/docs/5.0/examples/sign-in/">
```

```
  <!-- Bootstrap core CSS -->
  <!-- authapp.staticの「static_auth」フォルダーのCSSファイルを指定 -->
  <link href="{{ url_for('authapp.static', filename='css/bootstrap.min.css') }}"
       rel="stylesheet">

  <style>
    .bd-placeholder-img {
      font-size: 1.125rem;
      text-anchor: middle;
      -webkit-user-select: none;
      -moz-user-select: none;
      user-select: none;
    }

    @media (min-width: 768px) {
      .bd-placeholder-img-lg {
        font-size: 3.5rem;
      }
    }
  </style>

  <!-- Custom styles for this template -->
  <!-- authapp.staticの「static_auth」フォルダーのCSSファイルを指定 -->
  <link href="{{ url_for('authapp.static', filename='css/signin.css') }}" rel="stylesheet">
</head>

<body class="text-center">
  <main class="form-signin">
    <!-- フォームを配置
    バリデーションはflask_wtfで行うので
    novalidateを設定してHTMLのバリデーションを無効にする -->
    <form action="{{url_for('authapp.index')}}"
          method="POST"
          novalidate="novalidate">
      <!-- タイトル画像のリンク先を変更 -->
```

```
<img class="mb-4"
     src="{{ url_for('authapp.static', filename='img/bootstrap-logo.svg') }}"
     alt="" width="72" height="57">
<!-- タイトル -->
<h1 class="h3 mb-3 fw-normal">Please log in</h1>
<!-- 認証に失敗したときのメッセージを出力 -->
{% for message in get_flashed_messages() %}
<p style="color:red">{{ message }}</p>
<br>
{% endfor %}

<!-- メールアドレスのエラーメッセージを出力-->
{% for error in form.email.errors %}
<span style="color:red">{{ error }}</span>
<br>
{% endfor %}

<!-- パスワード未入力のエラーメッセージを出力-->
{% for error in form.password.errors %}
<span style="color:red">{{ error }}</span>
<br>
{% endfor %}

<!-- CSRF対策機能を有効にする -->
{{form.csrf_token}}
<p>
  <!-- emailに設定されているラベルを表示 -->
  {{form.email.label}}
  <!-- emailの入力欄を配置 -->
  {{form.email(placeholder="メールアドレス")}}
</p>
<p>
  <!-- passwordに設定されているラベルを表示 -->
  {{form.password.label}}
  <!-- passwordの入力欄を配置 -->
```

```
            {{form.password(placeholder="パスワード")}}
        </p>
        <p>
            <!-- 送信ボタンを配置 -->
            {{form.submit()}}
        </p>
    </form>
  </main>
</body>

</html>
```

トップページのLogin Now!ボタンのリンクを設定しよう

Post pictureアプリのトップページのテンプレートの「第5画面」には、「Login Now!」ボタンが配置されています。ボタンをクリックしたときのリンク先を、authappのindexビューに変更しましょう。

▼「Login Now!」ボタンのリンク先を変更（picture_project/apps/templates/index.html）

```
<!-- 第5画面 -->
<!-- Call to action-->
<!-- id="login"を追加 -->
<section class="page-section bg-dark text-white" id="login">
    <div class="container px-4 px-lg-5 text-center">
        <!-- タイトルのテキスト-->
        <h2 class="mb-4">Login here!</h2>
        <!-- Login Now!ボタンのリンク先を変更 -->
        <a class="btn btn-light btn-xl"
            href="{{url_for('authapp.index')}}">Login Now!</a>
    </div>
</section>
```

ログインページを表示してみよう

開発サーバーを起動して、ログインページを表示してみましょう。ブラウザーで「http://127.0.0.1:5000」にアクセスします。ナビゲーションメニューの**Login**を選択して画面を移動し、**LOGIN NOW!**ボタンをクリックします。

■図7.9 トップページの[LOGIN NOW!]ボタン(http://127.0.0.1:5000/#login)

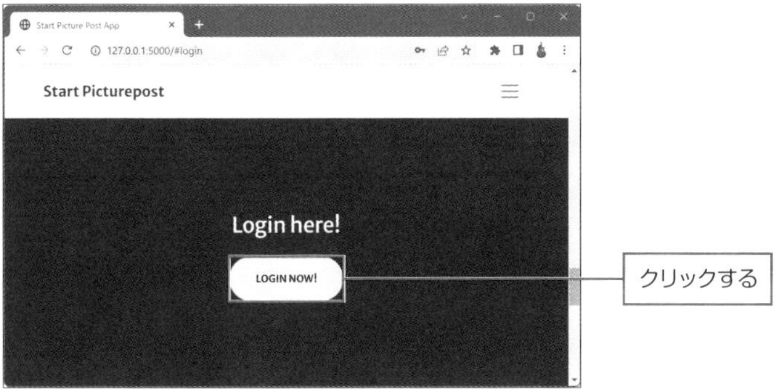

■図7.10 ログインページ(http://127.0.0.1:5000/auth/)

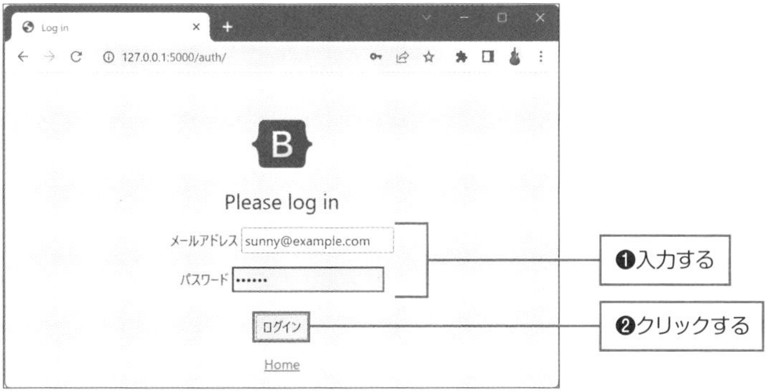

メールアドレスとパスワードを入力して**ログイン**ボタンをクリックすると、次のようになります。

・認証されなかった場合は、「認証に失敗しました」とのメッセージが表示される。
・認証が成功した場合は、エラー画面が表示される(ログイン後のリダイレクト先が未作成のため)。

これまでの作業でユーザー認証の仕組みが完成しました。次章では、ログイン後に表示する画像投稿アプリ「pictapp」を開発します。

■図7.11　未入力で［ログイン］ボタンをクリックしたとき

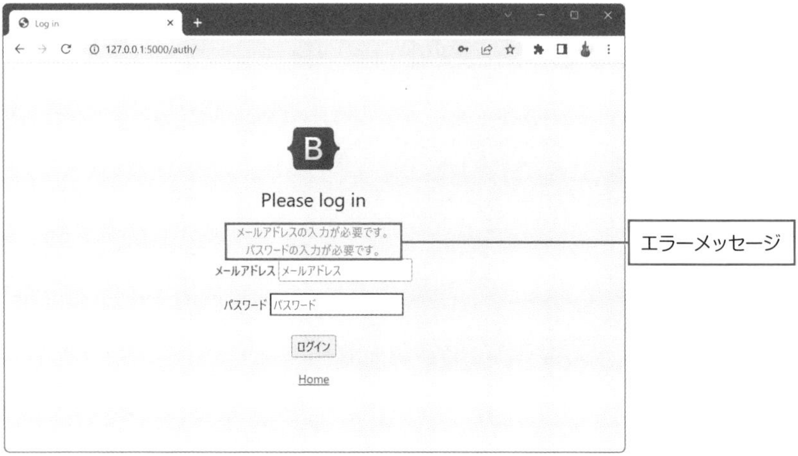

■図7.12　認証に失敗した場合

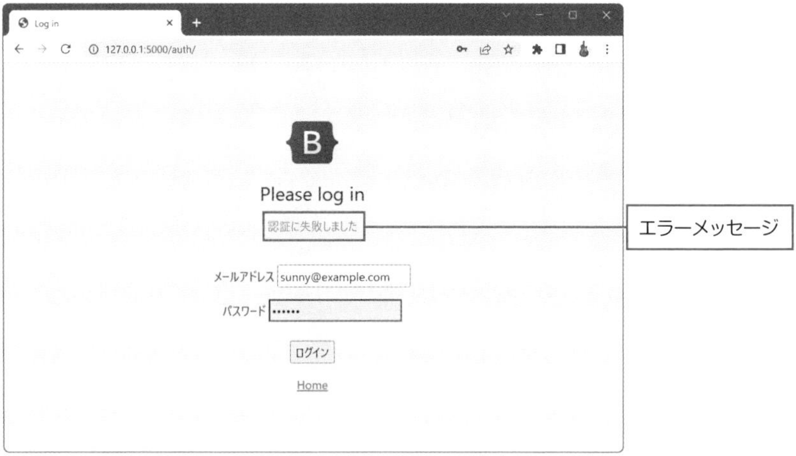

第8章

ログイン後に表示する画像投稿アプリの開発

8.1

ログイン後に表示するトップページの作成

開発中のアプリでは、これまでにユーザー登録とユーザー認証の機能を実装しました。この章では、ログイン後に表示される画像投稿アプリ「pictapp」の開発を行います。
画像投稿アプリのトップページのテンプレートには、Bootstrapのサンプル「Album」を利用します。

Bootstrapのサンプル「Album」を用意しよう

Bootstrapのサンプル「Album」は、Bootstrapのサンプルをダウンロードして展開したフォルダー「bootstrap-5.x.x-examples」内の「album」フォルダーに納められています。BootstrapのサンプルはBootstrapのサイト（https://getbootstrap.jp/）からダウンロードできます（詳細は「7.2節内の「ログインページのテンプレートを作成しよう」を参照）。

「album」フォルダーを開くと、次のように「index.html」が格納されています。これをpictappのトップページのテンプレートの原形として使うことにします。

■図8.1　「bootstrap-5.x.x-examples」の「album」フォルダーに格納されている「index.html」

プロジェクトにpictappを追加しよう

プロジェクトフォルダー「picture_project」の「apps」フォルダー以下に「pictapp」フォルダーを作成しましょう。このフォルダーを画像投稿アプリpictappのフォルダーとします。

「pictapp」フォルダーを作成したら、さらに次のフォルダーとモジュールを作成しましょう。

・「templates_pict」フォルダー
・「static_pict」フォルダー
・__init__.py
・views.py

■図8.2　VSCodeの[エクスプローラー]

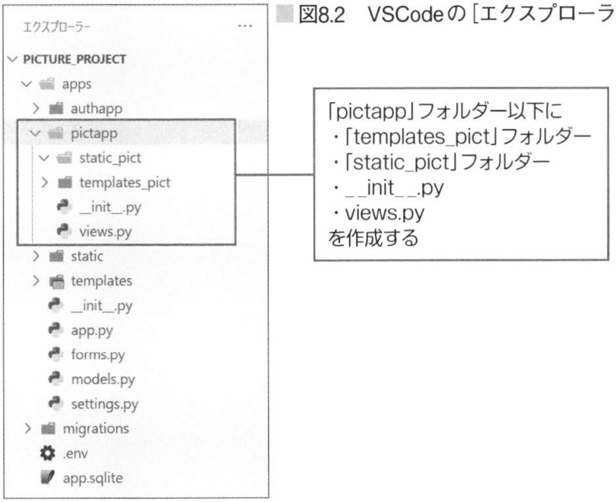

画像投稿アプリのテンプレートを作ろう

Bootstrapのサンプル「Album」の「index.html」を移植して、画像投稿アプリのトップページを次の手順で作成しましょう。

・Albumの「index.html」を「templates_pict」フォルダーにコピーし、ファイル名を「base.html」に変更する
・Albumの「index.html」を「templates_pict」フォルダーにコピーし、ファイル名を「top.html」に変更する

▼図8.3 Bootstrapのサンプル「album」フォルダーの「index.html」をコピーして2つのテンプレートを作成

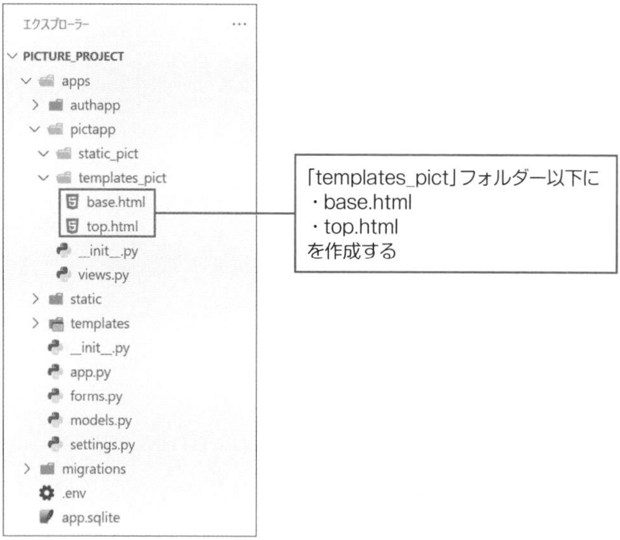

続いて、JavaScriptのソースファイルをコピーします。Bootstrapのサンプルフォルダー「bootstrap-5.x.x-examples」の「assets」➡「dist」➡「js」フォルダーを開くと、次のように「bootstrap.bundle.min.js」が格納されていることが確認できます。

図8.4 「bootstrap-5.x.x-examples」の「assets」➡「dist」➡「js」フォルダーを開いたところ

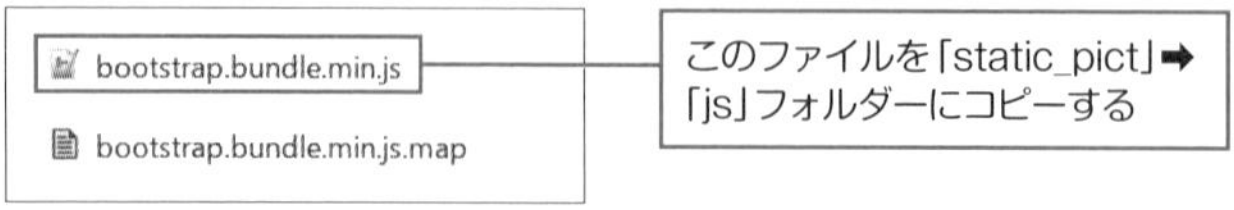

VSCodeの**エクスプローラー**で、「pictapp」フォルダー以下の「static_pict」フォルダーに「js」フォルダーを作成します。フォルダーを作成したら、先ほどの「bootstrap.bundle.min.js」をコピーして貼り付けましょう。

図8.5 「static_pict」➡「js」フォルダーに「bootstrap.bundle.min.js」のコピーを配置する

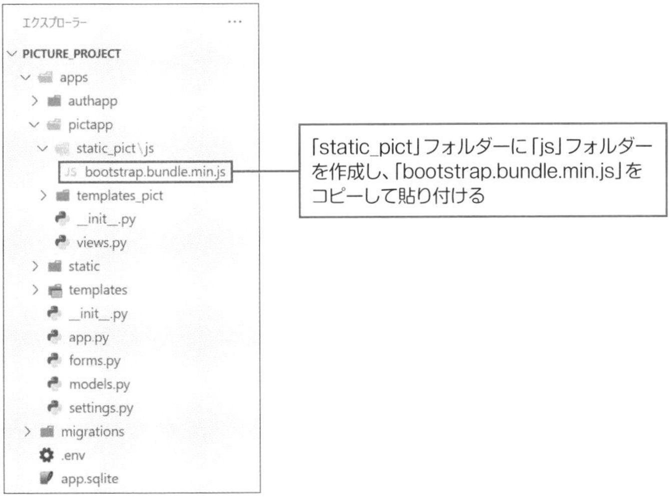

ベーステンプレートの作成

「base.html」は、他のテンプレートで共通して利用するためのベーステンプレートにします。「templates_pict」フォルダーの「base.html」を**エディター**で開いて、次のように編集しましょう。

▼ベーステンプレートの作成 (picture_project/apps/pictapp/templates_pict/base.html)

```
<!doctype html>
<html lang="ja"><!-- jaを設定 -->

<head>
  <meta charset="utf-8">
  <meta name="viewport" content="width=device-width, initial-scale=1">
  <meta name="description" content="">
```

```
    <meta name="author" content="Mark Otto, Jacob Thornton, and Bootstrap contributors">
    <meta name="generator" content="Hugo 0.84.0">
    <!-- ページタイトルはベーステンプレートの適用先で設定する -->
    <title>{% block title %}{% endblock %}</title>

      <!-- アイコンのリンク先をデフォルトのstaticフォルダー以下に設定 -->
      <link rel="icon"
            type="image/x-icon"
            href="{{ url_for('static', filename='assets/favicon.ico') }}" />

      <!-- <link rel="canonical" href="https://getbootstrap.com/docs/5.0/examples/album/">
          削除 -->

      <!-- Bootstrap core CSS -->
      <!-- authapp.staticの「static_auth」フォルダーのCSSファイルを指定 -->
      <link href="{{ url_for('authapp.static', filename='css/bootstrap.min.css') }}"
            rel="stylesheet">

      <style>
        .bd-placeholder-img {
          font-size: 1.125rem;
          text-anchor: middle;
          -webkit-user-select: none;
          -moz-user-select: none;
          user-select: none;
        }

        @media (min-width: 768px) {
          .bd-placeholder-img-lg {
            font-size: 3.5rem;
          }
        }
      </style>
  </head>
```

```
<body>
  <!-- ページのヘッダー -->
  <header>
    <!-- ナビゲーションバーのヘッダー -->
    <div class="collapse bg-dark" id="navbarHeader">
      <div class="container">
        <div class="row">
           <div class="col-sm-8 col-md-7 py-4">
            <!-- タイトルと本文 -->
            <h4 class="text-white">お気に入りの画像を投稿しよう!</h4>
            <p class="text-muted">
              お気に入りの画像にコメントを付けて投稿しましょう。
              自作の画像で公序良俗に反しないものであれば何でもオッケーです!
              タイトルとコメントをお忘れなく。
              お気に入りの画像をみんなで楽しみましょう!
            </p>
          </div>
          <div class="col-sm-4 offset-md-1 py-4">
            <!-- ナビゲーションメニューのタイトル -->
            <!-- ログイン中であるかをチェックする -->
            {% if current_user.is_authenticated %}
            <h4 class="text-white">
              <!-- current_user.usernameでログイン中のユーザー名を取得 -->
              <span>{{ current_user.username }}</span>さん、ようこそ!
            </h4>
            {% endif %}
            <!-- ナビゲーションメニュー -->
            <ul class="list-unstyled">
              <li><a href="#" class="text-white">投稿する</a></li>
              <li><a href="#" class="text-white">マイページ</a></li>
              <<!-- ログアウトの処理はlogoutビューで行う -->
              <li><a href="{{url_for('pictapp.logout')}}"
                      class="text-white">ログアウト</a></li>
            </ul>
          </div>
```

8 ログイン後に表示する画像投稿アプリの開発

```
        </div>
      </div>
    </div>
    <!-- ナビゲーションバー本体 -->
    <div class="navbar navbar-dark bg-dark shadow-sm">
      <div class="container">
        <!-- トップページへのリンクを設定 -->
        <a href="{{ url_for('pictapp.index') }}"
            class="navbar-brand d-flex align-items-center">
          <svg xmlns="http://www.w3.org/2000/svg" width="20" height="20"
               fill="none" stroke="currentColor" stroke-linecap="round"
               stroke-linejoin="round" stroke-width="2" aria-hidden="true"
               class="me-2" viewBox="0 0 24 24">
            <path d="M23 19a2 2 0 0 1-2 2H3a2 2 0 0 1-2-2V8a2..." />
            <circle cx="12" cy="13" r="4" />
          </svg>
          <!-- リンクテキスト -->
          <strong>Picture Gallery</strong>
        </a>
        <!-- トグルボタン -->
        <button class="navbar-toggler" type="button" data-bs-toggle="collapse"
                data-bs-target="#navbarHeader" aria-controls="navbarHeader"
                aria-expanded="false" aria-label="Toggle navigation">
          <span class="navbar-toggler-icon"></span>
        </button>
      </div>
    </div>
  </header>

  <!-- メインコンテンツ -->
  <main>
    <!-- メインコンテンツの要素をすべて削除 -->
    <!-- メインコンテンツは各ページのテンプレートで設定する -->
    {% block contents %}{% endblock %}
  </main>
```

```
    <!-- フッター -->
    <footer class="text-muted py-5">
      <div class="container">
        <p class="float-end mb-1">
          <a href="#">Back to top</a>
        </p>
        <p class="mb-1">Album example is &copy; Bootstrap,...</p>
        <p class="mb-0">New to Bootstrap? <a href="/">Visit the homepage</a> or read our
          <a href="../getting-started/introduction/">getting started guide</a>.</p>
      </div>
    </footer>

    <!-- jsのリンク先をpictapp.staticのjs/bootstrap.bundle.min.jsに変更 -->
    <script
      src="{{url_for('pictapp.static', filename='js/bootstrap.bundle.min.js')}}"></script>
  </body>
  </html>
```


●トップページのテンプレートの作成

「templates_pict」フォルダーの「top.html」を**エディター**で開いて、次の箇所を編集しましょう。

❶ドキュメントの冒頭から</section>までを削除

ドキュメントの冒頭から次のコードを削除します。

- <!doctype html>
- <html lang="en">
- <head>～</head>
- <body>
- <header>～</header>
- <main>
- <section class="py-5 text-center container">～</section>
  （タイトルとボタンを出力するブロック）

❷ドキュメント冒頭に{% extends 'base.html' %}を配置

ベーステンプレートを適用するためのテンプレートタグを配置します。

❸ページタイトルを設定する

ページタイトルはベーステンプレートの適用先で設定します。

❹{% block contents %}を配置する

コンテンツを設定するためのテンプレートタグを配置します。

❺<div class="col">〜</div>の計8ブロックのコードを削除

サムネイルを表示する<div class="col">〜</div>のブロックが計8ブロック配置されているので、これらを削除します。

❻3個の</div>を残してドキュメントの末尾までのコードを削除

❺の削除を行うと後続に3個の</div>があるのでこれらを残し、3個目の</div>の次行、</main>以下のコードをすべて削除します。

❼{% endblock %}を配置する

ドキュメントの最後の行に、コンテンツの終わりを示すテンプレートタグを配置します。

▼トップページのテンプレート（picture_project/apps/pictapp/templates_pict/top.html）

```
――――――――――――――――――――――――――――――――――――――――――――❶

<!-- ベーステンプレートを適用する -->
{% extends 'base.html' %} ―――――――――――――――――――――――❷

<!-- ヘッダー情報のページタイトルは
     ベーステンプレートを利用するページで設定する -->
{% block title %}Picture Gallery{% endblock %} ―――――――――❸

<!-- メインコンテンツを設定する<div>〜</div>をテンプレートタグで囲む -->
{% block contents %} ―――――――――――――――――――――――――❹
```

```
<!-- メインコンテンツ -->
  <div class="album py-5 bg-light">
    <div class="container">
      <div class="row row-cols-1 row-cols-sm-2 row-cols-md-3 g-3">
        <!-- 画像のサムネイルを表示するブロック -->
        <div class="col">
          <div class="card shadow-sm">
            <!-- サムネイルの表示部 -->
            <svg
              class="bd-placeholder-img card-img-top"
              width="100%" height="225"
              xmlns="http://www.w3.org/2000/svg"
              role="img" aria-label="Placeholder: Thumbnail"
              preserveAspectRatio="xMidYMid slice"
              focusable="false">
              <title>Placeholder</title>
              <rect width="100%" height="100%" fill="#55595c"/>
              <text x="50%" y="50%" fill="#eceeef" dy=".3em">Thumbnail</text>
            </svg>

            <!-- サムネイル下の表示ブロック -->
            <div class="card-body">
              <p class="card-text">This is a wider card with...</p>
              <div class="d-flex justify-content-between align-items-center">
                <div class="btn-group">
                  <button type="button"
                          class="btn btn-sm btn-outline-secondary">View</button>
                  <button type="button"
                          class="btn btn-sm btn-outline-secondary">Edit</button>
                </div>
                <small class="text-muted">9 mins</small>
              </div>
            </div>
          </div>
        </div>
```

```
          <!-- 以下、8個の<div class="col">ブロックを削除 --> ―――― ❺
        </div>
      </div>
    </div>
<!-- </main>タグ以下をすべて削除 --> ―――― ❻

<!-- メインコンテンツを設定する<div>～</div>をテンプレートタグで囲む -->
{% endblock %} ―――― ❼
```

Blueprint、ルーティング、ビューを定義しよう

「pictapp」の「views.py」を**エディター**で開いて、以下のようにコードを入力しましょう。

・Blueprintオブジェクトを生成

Blueprintの識別名をpictappに設定し、テンプレートフォルダーとstaticフォルダーの名前を設定します。

・トップページのルーティングとindexビューを定義

ログイン後に表示するトップページなので、ログインを必須条件とするため、Flask-Loginのlogin_requiredをデコレーター「@login_required」としてindexビューの上部に配置します。

・ログアウト処理のルーティングとlogoutビューを定義

ログアウトのビュー(logoutビュー)にもデコレーター「@login_required」を配置します。ログアウトの処理はFlask-Loginのlogout_user()関数を実行するだけで行えます。

▼Blueprint、ルーティング、ビューを定義 (picture_project/apps/pictapp/views.py)

```
""" 識別名をpictappにしてBlueprintオブジェクトを生成

    ・テンプレートフォルダーは同じディレクトリの'templates_pict'
    ・staticフォルダーは同じディレクトリの'static_pict'
"""
```

```
from flask import Blueprint

pictapp = Blueprint(
    'pictapp',
    __name__,
    template_folder='templates_pict',
    static_folder='static_pict',
    )

"""pictappのトップページのルーティングとビューの定義
"""
from flask import render_template
from flask_login import login_required # login_required

# ログイン必須にする
@pictapp.route('/', methods=['GET', 'POST'])
@login_required
def index():
    # top.htmlをレンダリングする
    return render_template('top.html')

"""ログアウトのルーティングとビューの定義
"""
from flask_login import logout_user
from flask import render_template, url_for, redirect

@pictapp.route('/logout')
@login_required
def logout():
    # flask_loginのlogout_user()関数で、ログイン中のユーザーを
    # ログアウトさせる
    logout_user()
    # ログイン画面のindexビューにリダイレクト
    return redirect(url_for('authapp.index'))
```

「app.py」にBlueprint「pictapp」を登録しよう

「apps」フォルダー直下の「app.py」を**エディター**で開いて、Blueprint「pictapp」を登録するコードを追加しましょう。

▼「app.py」にBlueprint「pictapp」を登録する (picture_project/apps/app.py)

```
"""
初期化処理
"""
......省略......
"""トップページのルーティング
"""
......省略......

"""Blueprint「authapp」の登録
"""
# authappのモジュールviews.pyからBlueprint「authapp」をインポート
from apps.authapp.views import authapp

# FlaskオブジェクトにBlueprint「authapp」を登録
# URLのプレフィクスを/authにする
app.register_blueprint(authapp, url_prefix='/auth')

"""Blueprint「pictapp」の登録
"""
# pictappのモジュールviews.pyからBlueprint「pictapp」をインポート
from apps.pictapp.views import pictapp

# FlaskオブジェクトにBlueprint「pictapp」を登録
# URLのプレフィクスを/pictureにする
app.register_blueprint(pictapp, url_prefix='/picture')
```

画像投稿アプリにログインしてみよう

開発サーバーを起動して「http://127.0.0.1:5000」にアクセスし、ログインページからログインしてみましょう。

図8.6　トップページの第5画面（http://127.0.0.1:5000/#login）

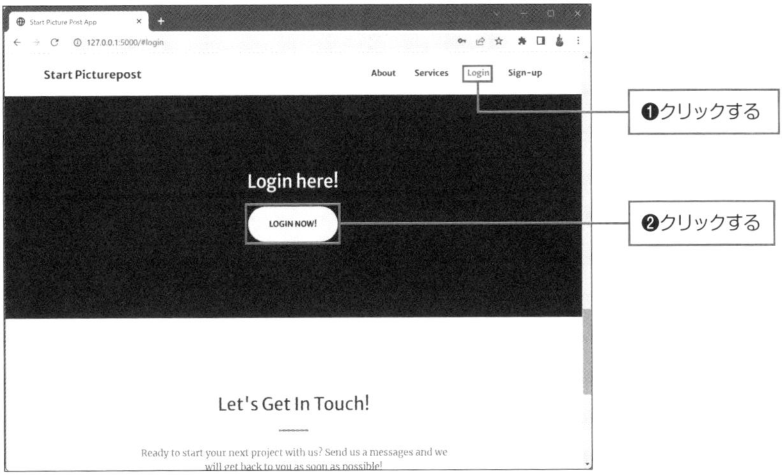

図8.7　ログインページ（http://127.0.0.1:5000/auth/）

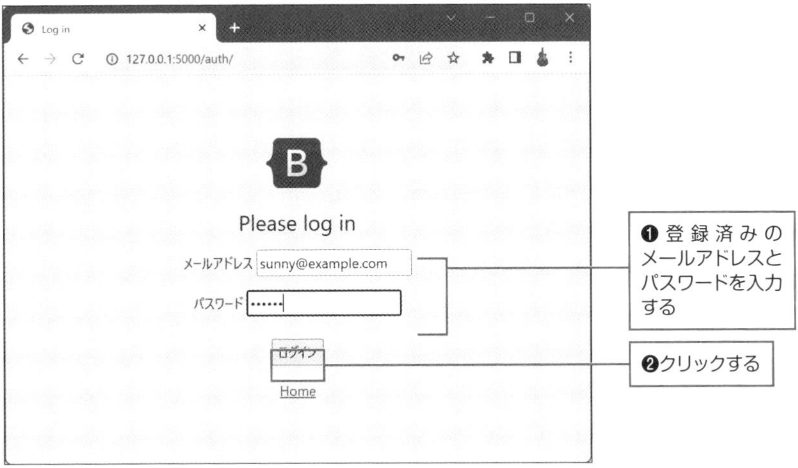

■図8.8 ログイン後のトップページ（http://127.0.0.1:5000/picture/）

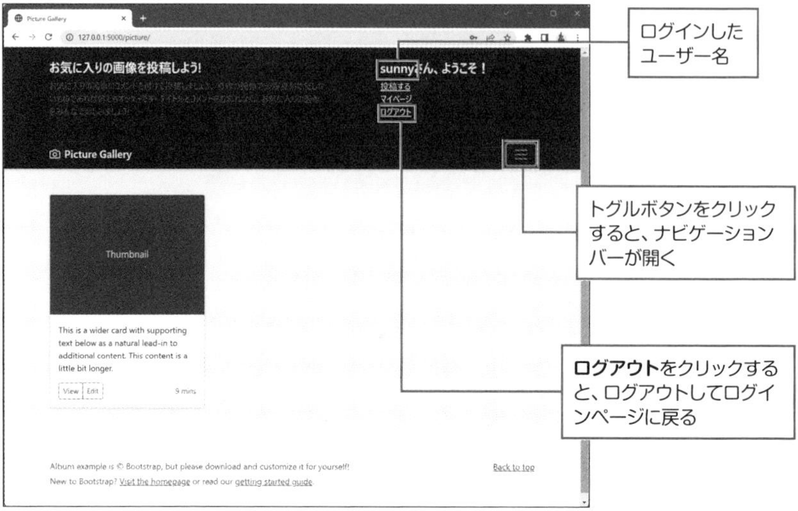

ログイン後に表示するトップページのURLは「http://127.0.0.1:5000/picture/」ですが、ログイン必須になってるため、ブラウザーのアドレス欄にこのURLを直接入力しても表示されることはありません（その場合はデフォルトのトップページにリダイレクトされます）。

8.2

投稿データを保存するための「pictures」テーブルを用意する

画像投稿アプリでは、ログインしたユーザーが任意の画像をコメントとともに投稿できるようにします。そのためには、投稿されたデータをデータベースに保存する仕組みが必要です。データベースは第6章で作成済みなので、新たに「pictures」テーブルをデータベースに追加することにします。手順としては、

・「pictures」テーブルと連携するためのモデルクラスを定義する

・「flask db migrate」➡「flask db upgrade」を実行

という流れになります。

「pictures」テーブルと連携するモデルクラスを定義しよう

モデルクラスUserPictureを定義するためのモジュール「models.py」を「pictapp」フォルダー以下に作成しましょう。

図8.9　VSCodeの[エクスプローラー]

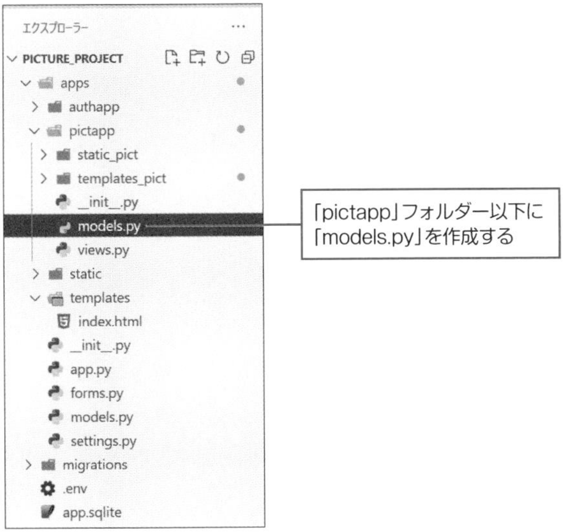

モデルクラスUserPictureを定義する

作成した「models.py」を**エディター**で開いて、次のように入力しましょう。

▼UserPictureクラスの定義（picture_project/apps/pictapp/models.py）

```
from datetime import datetime
# app.pyのdbオブジェクト
from apps.app import db

class UserPicture(db.Model):
    """picturesテーブルのモデルクラス
    db.Modelを継承

    """
    # テーブル名を「pictures」にする
    __tablename__ = "pictures"

    # 連番を振るフィールド、プライマリーキー
    id = db.Column(
                db.Integer,     # Integer型
        primary_key=True,       # プライマリーキーに設定
        autoincrement=True)     # 自動連番を振る

    # user_idはusersテーブルのidカラムを外部キーとして設定
    user_id = db.Column(
        db.String,              # String型
        db.ForeignKey('users.id'))

    # ユーザー名用のフィールド
    username = db.Column(
        db.String,             # String型
        index=True)            # インデックス

    # タイトル用のフィールド
    title = db.Column(
```

```
        db.String)              # String型

    # 本文用のフィールド
    contents = db.Column(
        db.Text)                # Text型

    # イメージのファイルパス用のフィールド
    image_path = db.Column(
        db.String)              # String型

    # 作成日時のフィールド
    create_at = db.Column(
        db.DateTime,                # DatTime型
        default=datetime.now)   # アップロード時の日時を取得
```


画像（イメージ）のファイルパスは、

```
image_path = db.Column(db.String)
```

のようにString型のフィールドで扱います。画像ファイルそのものは専用のフォルダーにアップロードされるので、ファイルパスの文字列がpicturesテーブルのimage_pathカラムに格納されます。

pictappの「__init__.py」にモデルクラスのインポート文を記述する

「pictapp」フォルダー以下に作成した「__init__.py」を**エディター**で開いて、次のようにmodels.pyのインポート文を記述しましょう。これは、マイグレーションを行う際に必要なためです。

▼models.pyのインポート文を記述する（picture_project/apps/pictapp/__init__.py）

```
import apps.pictapp.models
```

マイグレーションを実行して「pictures」テーブルを作成

マイグレーションを実行して、データベースに「pictures」テーブルを追加しましょう。VSCodeの**ターミナル**で次のように入力してmigrateコマンドを実行します。

▼migrateコマンドの実行

```
flask db migrate
```

続いて、次のように入力してupgradeコマンドを実行します。

▼upgradeコマンドの実行

```
flask db upgrade
```

作成したテーブルをVSCodeの拡張機能「SQLite3 Editor」で確認してみましょう。

エクスプローラーでデータベースファイル「app.sqlite」を選択し、**エクスプローラー**の下部の**SQLITE3 EDITOR TABLES**タブを展開すると、「pictures table」が表示されるので、これをクリックします。

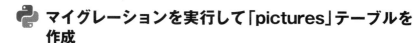

図8.10 「SQLite3 Editor」でテーブルを表示

❶SQLITE3 EDITOR TABLESタブの「pictures table」をクリックする
❷「pictures」テーブルが表示される

テーブルが表形式で表示され、「id」、「user_id」、「username」、「title」、「contents」、「image_path」、「create_at」の7つのカラム（列）が確認できます。

8.3

画像投稿機能を実装する

「ログインしたユーザーがメッセージと画像を投稿する」ための仕組みを作ります。

画像の投稿先のフォルダーを作成する

投稿された画像を保存するフォルダー「images」を「apps」フォルダー以下に作成しましょう。

■図8.11　画像ファイルを保存するための「images」フォルダーを作成

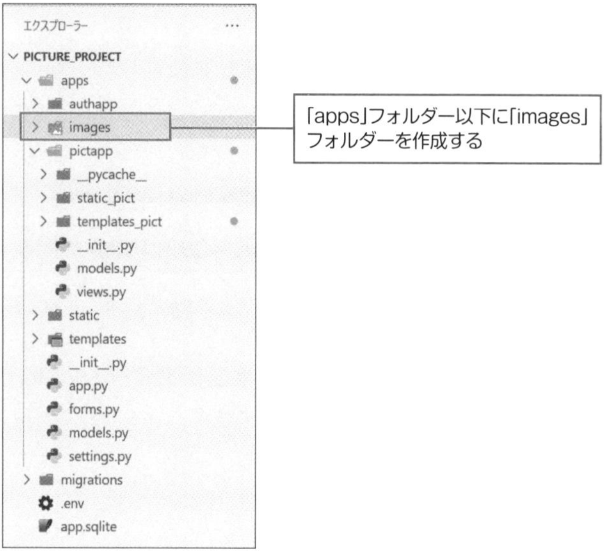

●環境変数「UPLOAD_FOLDER」にimagesフォルダーのパスを登録する

「apps」以下の「settings.py」を**エディター**で開いて、「環境変数UPLOAD_FOLDERにimagesフォルダーのパスを登録する」コードを記述しましょう。投稿された画像を保存する際に、UPLOAD_FOLDERを参照して処理を行います。

▼環境変数「UPLOAD_FOLDER」にimagesフォルダーのパスを登録する（picture_project/apps/settings.py）

```
import os

# モジュールの親ディレクトリのフルパスを取得
basedir = os.path.dirname(os.path.dirname(__file__))
# 親ディレクトリのpict.sqliteをデータベースに設定
SQLALCHEMY_DATABASE_URI = 'sqlite:///' + os.path.join(
                                    basedir, 'app.sqlite')

# シークレットキーの値として10バイトの文字列をランダムに生成
SECRET_KEY = os.urandom(10)

# 画像のアップロード先のフォルダーを登録
from pathlib import Path
# basedirにapps、imagesを連結してPathオブジェクトを生成し、
# str()で文字列に変換
UPLOAD_FOLDER = str(Path(basedir, 'apps', 'images'))
```

画像投稿ページのフォームクラスを定義しよう

画像投稿ページのフォームをプログラム上で扱うためのフォームクラスを定義します。モジュール「forms.py」を「pictapp」フォルダー以下に作成しましょう。

■図8.12 「pictapp」フォルダー以下にモジュール「forms.py」を作成

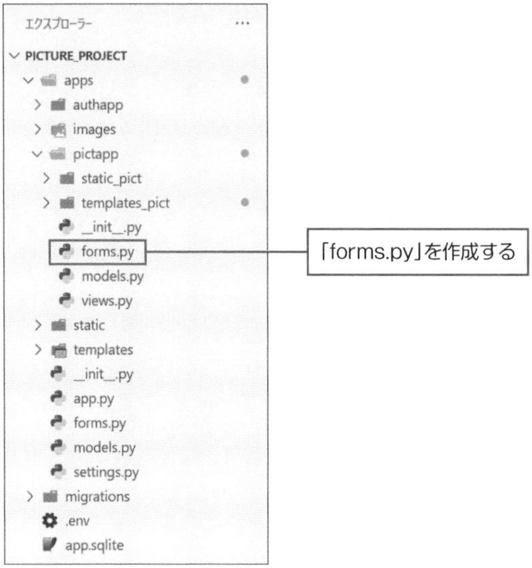

●フォームクラスUploadImageFormを定義する

作成した「forms.py」を**エディター**で開いて、以下のコードを入力しましょう。

▼フォームクラスUploadImageFormの定義（picture_project/apps/pictapp/forms.py）

```
from flask_wtf import FlaskForm
from wtforms import StringField, SubmitField, TextAreaField
from wtforms.validators import DataRequired, length
from flask_wtf.file import FileField, FileRequired, FileAllowed

class UploadImageForm(FlaskForm):
    """画像投稿ページのフォームクラス

    Attributes:
```

```
    title: タイトル
    message: メッセージ
    image: アップロードする画像ファイル
    submit: 送信ボタン
"""
title = StringField(
    "タイトル",
    validators=[DataRequired(message="入力が必要です。"),
                length(max=200, message="200文字以内で入力してください。"),]
)

message = TextAreaField(
    "メッセージ",
    validators=[DataRequired(message="入力が必要です。"),])

image = FileField(
    validators=[
    FileRequired("画像ファイルを選択してください。"),
    FileAllowed(['png', 'jpg', 'jpeg'],
                'サポートされていないファイル形式です。'),]
)
# フォームのsubmitボタン
submit = SubmitField('投稿する')
```

画像投稿ページのテンプレートを作成しよう

画像投稿ページのテンプレートを作成します。「pictapp」の「templates_pict」フォルダーに「upload.html」を作成しましょう。

図8.13 「pictapp」の「templates_pict」フォルダーに「upload.html」を作成

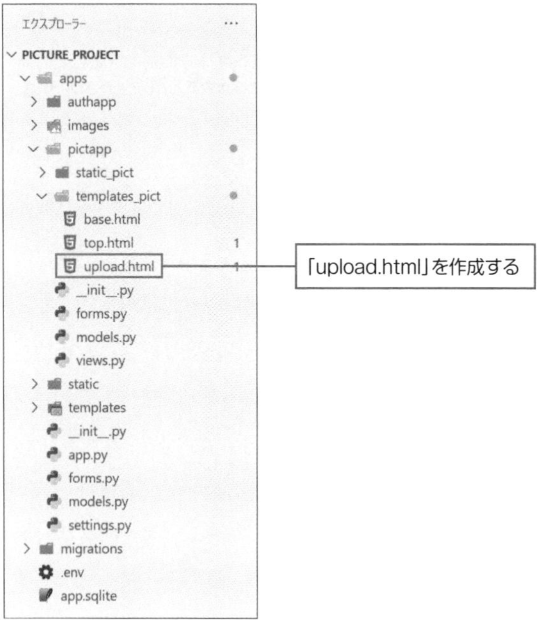

作成した「upload.html」を**エディター**で開いて、次のように入力します。ベーステンプレートを適用し、コンテンツとして画像投稿のフォームを配置します。

▼画像投稿ページのテンプレート
(picture_project/apps/pictapp/templates_pict/upload.html)

```
<!-- ベーステンプレートを適用する -->
{% extends 'base.html' %}

<!-- ヘッダー情報のページタイトルは
     ベーステンプレートを利用するページで設定する -->
{% block title %}Upload{% endblock %}
```

```
<!-- メインコンテンツをテンプレートタグで囲む -->
{% block contents %}
<!-- メインコンテンツ -->
<!-- Bootstrapのグリッドシステム -->
<br>
<div class="container">
    <!-- 行を配置 -->
    <div class="row">
        <!-- 列の左右に余白offset-2を入れる -->
        <div class="col offset-2">

            <h2>画像のアップロード</h2>
            <p>
                タイトルと本文を入力、画像を選択して[アップロード]をクリックしてください。
            </p>
            <br>
            <!-- フォームを配置
                ファイルをアップロードする場合はenctype="multipart/form-data"が必要 -->
            <form
                action="{{url_for('pictapp.upload')}}"
                method="POST"
                enctype="multipart/form-data"
                novalidate="novalidate">
                <!-- CSRF対策機能を有効にする -->
                {{form.csrf_token}}
                <p>
                    <!-- titleに設定されているラベルを表示 -->
                    {{form.title.label}}
                    <!-- titleの入力欄を配置 -->
                    {{form.title(placeholder="タイトル")}}
                    <!-- バリデーションにおけるエラーメッセージを抽出、出力 -->
                    {% for error in form.title.errors %}
                    <span style="color:red">{{ error }}</span>
                    {% endfor %}
```

```
                </p>
                <p>
                    <!-- messageに設定されているラベルを表示 -->
                    {{form.message.label}}
                    <!-- messageの入力欄を配置 -->
                    {{form.message(placeholder="メッセージ")}}
                    <!-- バリデーションにおけるエラーメッセージを抽出、出力-->
                    {% for error in form.message.errors %}
                    <span style="color:red">{{ error }}</span>
                    {% endfor %}
                </p>
                <p>
                    <!-- 画像ファイルの選択 -->
                    {{ form.image() }}
                    <!-- バリデーションにおけるエラーメッセージを抽出、出力-->
                    {% for error in form.image.errors %}
                    <span style="color:red">{{ error }}</span>
                    {% endfor %}
                </p>

                <!-- Divider-->
                <hr>
                <p>
                    <!-- 送信ボタンを配置 -->
                    {{form.submit()}}
                </p>
            </form>
            <!-- ログイン後のトップページへのリンク -->
            <a href="{{ url_for('pictapp.index') }}">投稿をやめる</a>
        </div>
    </div>
</div>

<!-- メインコンテンツをテンプレートタグで囲む-->
{% endblock %}
```

画像投稿ページのルーティングとビューを定義しよう

「pictapp」の「views.py」を**エディター**で開いて、画像投稿ページのルーティングとビューの定義コードを末尾に追加で入力しましょう。

▼画像投稿ページのルーティングとビューの定義コードを入力
(picture_project/apps/pictapp/views.py)

```
""" 識別名をpictappにしてBlueprintオブジェクトを生成
"""
......省略......

"""pictappのトップページのルーティングとビューの定義
"""
......省略......

"""ログアウトのルーティングとビューの定義
"""
......省略......
```

以下を末尾に追加する

```
"""画像アップロードページのルーティングとビューの定義
"""
import uuid # uuid
from pathlib import Path # pathlibのPath
from flask_login import current_user # current_user
from flask import current_app # current_app

from apps.app import db # app.pyのSQLAlchemyインスタンス
from apps.pictapp import forms # pictapp.formsモジュール
from apps.pictapp import models as modelpict # pictapp.modelsモジュール

@pictapp.route('/upload', methods=['GET', 'POST'])
@login_required
def upload():
    # UploadImageFormをインスタンス化
    form = forms.UploadImageForm() ――❶
```

8 ログイン後に表示する画像投稿アプリの開発

```
# アップロードフォームのsubmitボタンが押されたときの処理
if form.validate_on_submit():
    # フォームで選択された画像データをFileStorageオブジェクトとして取得
    file = form.image.data ――――――――――――――――――――――――❷
    # 画像のファイル名から拡張子を抽出する
    suffix = Path(file.filename).suffix ――――――――――――――❸
    # uuid4()でランダムな名前を生成し、画像ファイルの拡張子を連結する
    imagefile_uuid = str(uuid.uuid4()) + suffix ―――――――――❹
    # imagesフォルダーのパスにimagefile_uuidを連結してパスを作る
    image_path = Path(
        current_app.config['UPLOAD_FOLDER'], imagefile_uuid) ―❺
    # ファイル名をimage_pathにして画像データを保存
    file.save(image_path) ―――――――――――――――――――――――❻

    # UserPictureをインスタンス化してフォームのデータを格納
    upload_data = modelpict.UserPicture(
        # user_idに現在ログイン中のユーザーのidを格納
        user_id=current_user.id,
        # usernameに現在ログイン中のユーザー名を格納
        username=current_user.username, ―――――――――――――――❼
        # titleにフォームのtitleの入力データを格納
        title=form.title.data,
        # contentsにフォームのmessageの入力データを格納
        contents=form.message.data,
        # image_pathに画像のファイル名(uuid+実際のファイル名)を格納
        image_path=imagefile_uuid ―――――――――――――――――――❽
    )

    # UserPictureオブジェクトをレコードのデータとして
    # データベースのテーブルに追加
    db.session.add(upload_data)
    # データベースを更新
    db.session.commit()
    # 処理完了後、pictapp.indexにリダイレクト
    return redirect(url_for('pictapp.index'))
```

```
    # 画像アップロードページへのアクセスは、upload.htmlをレンダリングして
    # UploadImageFormのインスタンスformを引き渡す
    return render_template('upload.html', form=form)
```

●コード解説

❶ form = forms.UploadImageForm()

フォームクラスUploadImageFormをインスタンス化します。

❷ file = form.image.data

フォームのimageフィールドから画像ファイルのデータをFlaskのFileStorageオブジェクトとして取得します。

❸ suffix = Path(file.filename).suffix

❷で取得したFileStorageオブジェクトのfilenameプロパティでファイル名を取得し、Pathのsuffixプロパティで拡張子の部分だけを抽出します。

❹ imagefile_uuid = str(uuid.uuid4()) + suffix

uuid.uuid4()関数は、次のように32桁のUUID(名前空間識別子)を生成します(ハイフンは含まず)。

'16fd2706-8baf-433b-82eb-8c7fada847da'

画像アップロードページのフォームで選択された画像のファイル名をそのまま使うと、セキュリティ上問題になることがあるので、

```
str(uuid.uuid4()) + suffix
```

のように、ランダムに生成したUUIDに画像ファイルの拡張子suffixを連結します。これを画像ファイル名としてimagefile_uuidに格納します。

❺ image_path = Path(current_app.config['UPLOAD_FOLDER'], imagefile_uuid)

環境変数UPLOAD_FOLDERに格納されている「images」フォルダーのパスに❹のimagefile_uuidを連結してフルパスを作ります。

❻file.save(image_path)

Flaskのsave()メソッドは、実行元のFileStorageオブジェクトを、引数で指定したディレクトリにファイルとして保存します。

❼username=current_user.username,

flask_loginのcurrent_userには、ログイン中のユーザーのデータ（レコード）が格納されます。ここではusernameカラムのデータ（ユーザー名）を抽出してUserPictureクラスのusernameフィールドに格納します。このことで、usersテーブルに格納されているユーザー名をpicturesテーブルのusernameカラムに格納するようにしています。

❽image_path=imagefile_uuid

picturesテーブルのimage_pathカラムには、❹で作成した「UUID+拡張子」が画像ファイル名として格納されます。

画像投稿ページのリンクを設定しよう

画像投稿アプリのベーステンプレート「base.html」を**エディター**で開いて、ナビゲーションメニューの**投稿する**に画像投稿ページのリンクを設定しましょう。

▼ベーステンプレートにおけるリンクの設定
（picture_project/apps/pictapp/templates_pict/base.html）

```
......省略......
<body>
  <!-- ページのヘッダー -->
  <header>
    <!-- ナビゲーションバーのヘッダー -->
    <div class="collapse bg-dark" id="navbarHeader">
      <div class="container">
        <div class="row">
          <div class="col-sm-8 col-md-7 py-4">
            <!-- タイトルと本文 -->
```

```
        <h4 class="text-white">お気に入りの画像を投稿しよう！</h4>
        <p class="text-muted">
          お気に入りの画像にコメントを付けて投稿しましょう。
          自作の画像で公序良俗に反しないものであれば何でもオッケーです！
          タイトルとコメントをお忘れなく。
          お気に入りの画像をみんなで楽しみましょう！
        </p>
      </div>
      <div class="col-sm-4 offset-md-1 py-4">
        <!-- ナビゲーションメニューのタイトル -->
        <!-- ログイン中であるかをチェックする -->
        {% if current_user.is_authenticated %}
        <h4 class="text-white">
          <!-- current_user.usernameでログイン中のユーザー名を取得 -->
          <span>{{ current_user.username }}</span>さん、ようこそ！
        </h4>
        {% endif %}
        <!-- ナビゲーションメニュー -->
         <ul class="list-unstyled">
          <!-- uploadビューへのリンクを設定 -->
          <li><a href="{{ url_for('pictapp.upload') }}"
                  class="text-white">投稿する</a></li>
          <li><a href="#" class="text-white">マイページ</a></li>
          <!-- ログアウトの処理はlogoutビューで行う -->
          <li><a href="{{url_for('pictapp.logout')}}"
                  class="text-white">ログアウト</a></li>
        </ul>
      </div>
    </div>
  </div>
</div>
<!-- ナビゲーションバー本体 -->
......省略......
```

画像投稿ページから投稿してみよう

これまでの作業で「画像投稿ページから投稿する」仕組みが完成したので、実際に投稿してみることにしましょう。開発サーバーを起動したら、ブラウザーでログインページを表示してログインしましょう。

ログイン後、ナビゲーションメニューの**投稿する**をクリックします。

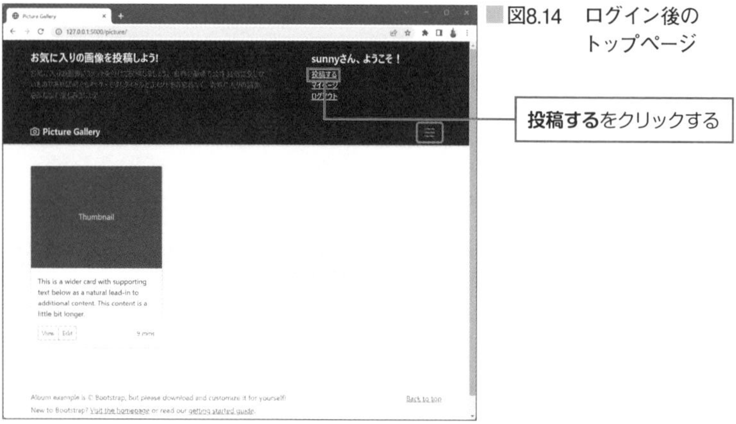

図8.14 ログイン後のトップページ

画像投稿ページが表示されるので、「タイトル」、「メッセージ」を入力し、**ファイルを選択**ボタンをクリックします。

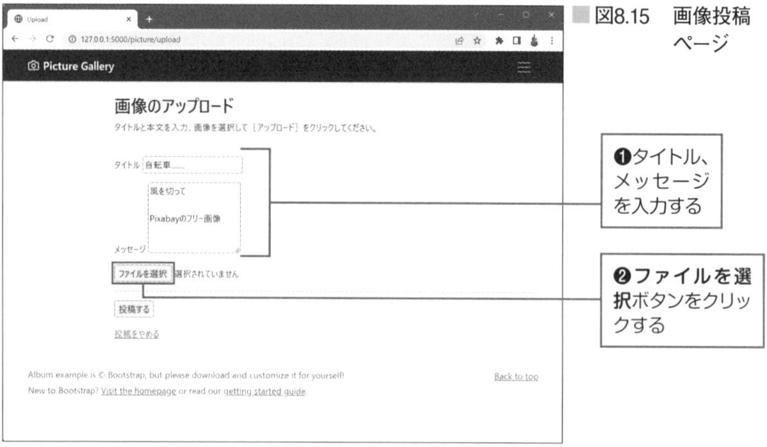

図8.15 画像投稿ページ

開くダイアログが表示されるので、任意の画像ファイルを選択して**開く**ボタンをクリックします。

■図8.16 ［開く］ダイアログ

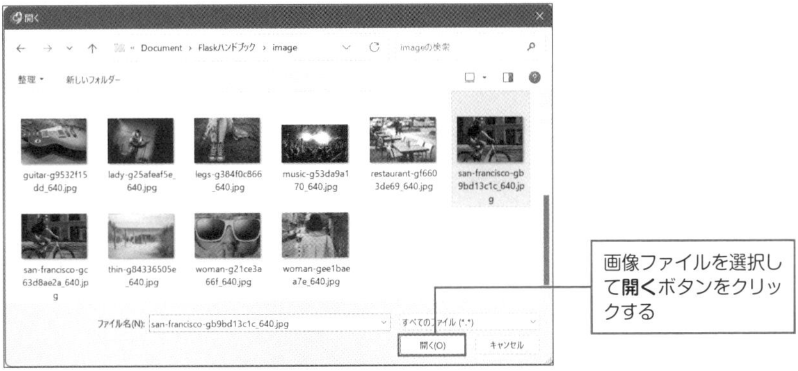

これで、画像ファイルが選択された状態になります。**投稿する**ボタンをクリックすると、画像を含むデータが送信（アップロード）されます。

■図8.17 画像投稿ページ

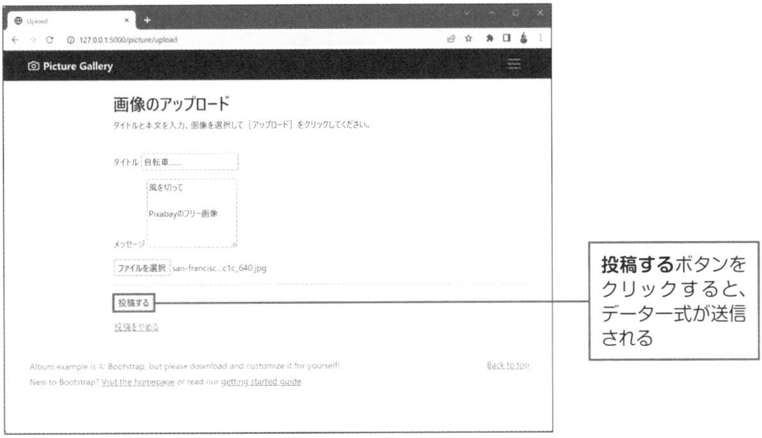

VSCodeで確認してみましょう。「images」フォルダーに画像投稿ページから送信した画像ファイルが格納されていることが確認できます。「SQLite3 Editor」で「pictures」テーブルを表示すると、送信されたデータが格納されていることが確認できます。

なお、画像ファイルの名前はアップロードの際にランダムな名前が付けられるようになっています。

■図8.18　VSCodeの画面

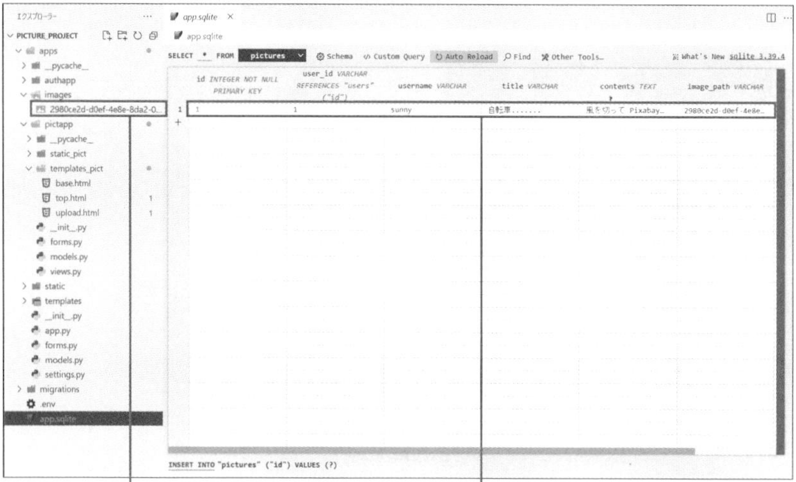

アップロードされた画像ファイルが格納されている

「pictures」テーブルには、投稿されたデータが保存されている

8.4

トップページに投稿画像を一覧表示しよう

ログイン後のトップページに、投稿された画像が一覧で表示されるように、
・トップページのビュー
・トップページのテンプレート
を編集します。

トップページのビューで投稿データを全件取得しよう

Blueprint「pictapp」で定義されているトップページのビューindexについて、

・投稿画像のレコードを全件取得
・ページネーション

の処理を追加し、imagesフォルダー内の画像ファイルのパスを返すimage_fileビューの定義コードを追加します。

「pictapp」以下の「views.py」を**エディター**で開いて、次のように編集しましょう。

▼indexビューの編集とimage_fileビューの追加（picture_project/apps/pictapp/views.py）

```
""" 識別名をpictappにしてBlueprintオブジェクトを生成

    ・テンプレートフォルダーは同じディレクトリの'templates_pict'
    ・staticフォルダーは同じディレクトリの'static_pict'
"""
from flask import Blueprint

pictapp = Blueprint(
    'pictapp',
    __name__,
    template_folder='templates_pict',
    static_folder='static_pict',
    )

"""pictappのトップページのルーティングとビューの定義
```

```
"""
from flask import render_template
from flask_login import login_required # login_required
from sqlalchemy import select # sqlalchemy.select()
from flask import request # flask.request
from flask_paginate import Pagination, get_page_parameter

# ログイン必須にする
@pictapp.route('/', methods=['GET', 'POST'])
@login_required
def index():
    # 投稿画像のレコードをidの降順で全件取得するクエリ
    stmt = select(modelpict.UserPicture)
        .order_by(modelpict.UserPicture.create_at.desc())
    # データベースにクエリを発行
    entries = db.session.execute(stmt).scalars().all()

    # 現在のページ番号を取得
    page = request.args.get(
        get_page_parameter(), type=int, default=1)
    # entriesから現在のページに表示するレコードを抽出
    res = entries[(page - 1)*6: page*6]
    # Paginationオブジェクトを生成
    pagination = Pagination(
        page=page,            # 現在のページ
        total=len(entries),   # 全レコード数を取得
        per_page=6)           # 1ページあたりのレコード数

    # top.htmlをレンダリングする際に
    # user_pictsでレコードデータres、
    # paginationでPaginationオブジェクトを引き渡す
    return render_template('top.html', user_picts=res, pagination=pagination)

"""imagesフォルダー内の画像ファイルのパスを返す機能
"""
```

```
from flask import send_from_directory # send_from_directory

@pictapp.route('/images/<path:filename>')
def image_file(filename):
    # imagesフォルダーのパスに、<path:filename>で取得した
    # ファイル名filenameを連結して返す
    return send_from_directory(
        current_app.config['UPLOAD_FOLDER'], filename)
```

```
"""ログアウトのルーティングとビューの定義
"""
......省略......

"""画像アップロードページのルーティングとビューの定義
"""
......省略......
```


トップページのテンプレートを編集しよう

▼トップページのテンプレート（picture_project/apps/pictapp/template_pict/top.html）

```
<!-- ベーステンプレートを適用する -->
{% extends 'base.html' %}

<!-- ヘッダー情報のページタイトルは
     ベーステンプレートを利用するページで設定する  -->
{% block title %}Picture Gallery{% endblock %}

<!-- メインコンテンツを設定する<div>～</div>をテンプレートタグで囲む -->
{% block contents %}
<!-- メインコンテンツ  -->
  <div class="album py-5 bg-light">
    <!-- Bootstrapのグリッドシステム  -->
    <div class="container">
```

```
<!-- 行要素を配置 -->
<div class="row row-cols-1 row-cols-sm-2 row-cols-md-3 g-3">
  <!-- レコードが格納されたuser_pictsから1件ずつ取り出す -->
  {% for picture in user_picts %} ―――――――――――― ❶
  <!-- 画像のサムネイルを表示するブロック -->
  <!-- 列要素を配置 -->
  <div class="col">
    <div class="card shadow-sm">
      <!-- サムネイルの表示部 -->
      <!-- svgタグをimgタグに変更 -->
      <!-- picture.image_pathを引数にしてpictapp.image_fileを呼び出し、
      imagesフォルダー内の画像ファイルのパスを取得 -->
      <img ――――――――――――――――――――――― ❷
        src="{{ url_for('pictapp.image_file', filename=picture.image_path) }}"
        alt="画像"
        class="bd-placeholder-img card-img-top"
        width="100%" height="225"
        xmlns="http://www.w3.org/2000/svg"
        role="img" aria-label="Placeholder: Thumbnail"
        preserveAspectRatio="xMidYMid slice"
        focusable="false">
        <title>Placeholder</title>
        <rect width="100%" height="100%" fill="#55595c"/>
        <!-- <text>~</text>を削除 -->

      <!-- サムネイル下の表示ブロック -->
      <div class="card-body">
        <!-- 投稿画像のタイトルを出力 -->
        <p class="card-text">{{picture.title}}</p> ――――― ❸
        <div class="d-flex justify-content-between align-items-center">
          <div class="btn-group">
            <button type="button"
                      class="btn btn-sm btn-outline-secondary">View</button>
            <!-- ボタンのテキストを投稿したユーザー名にする -->
            <button type="button"
```

```
                        class="btn btn-sm btn-outline-secondary">
                    {{picture.username}}</button> ──────────── ❹
                </div>
                <!-- 投稿したユーザー名を表示 -->
                <small class="text-muted">{{picture.username}}</small>
              </div>
            </div>
          </div>
          <!-- 列要素以下のタグまで -->
        </div>
        {% endfor %}
        <!-- 行要素以下のタグまで -->
      </div>

      <!-- Pager-->
      <div class="d-flex justify-content-end mb-4"> ──────────── ❺
        {{ pagination.info }}
      </div>
      <div class="d-flex justify-content-end mb-4">
        {{ pagination.links }}
      </div>
    <!-- グリッドシステム以下のタグまで -->
    </div>
  </div>
<!-- メインコンテンツを設定する<div>～</div>をテンプレートタグで囲む -->
{% endblock %}
```


●コード解説

❶{% for picture in user_picts %}

サムネイルの画像とテキスト、ボタンを表示するブロックを、テンプレートタグforで囲みます。user_pictsに格納されているレコードのデータを1件ずつ取り出します。

❷<img .....

オリジナルではサムネイルの画像を<svg>タグで表示するようになっていますが、これを<img>タグに変更します。新たに設定したsrc属性では、image_fileビューの<path:filename>に画像ファイル名を渡し、その戻り値（画像ファイルのフルパス）を取得することで、画像を表示するようにしています。

```
src="{{ url_for('pictapp.image_file', filename=picture.image_path) }}"

@pictapp.route('/images/<path:filename>')
def image_file(filename):
    return send_from_directory(current_app.config['UPLOAD_FOLDER'], filename)
```

❸<p class="card-text">{{picture.title}}</p>

サムネイルの下に投稿画像のタイトルを表示します。

❹<button type="button" class="btn btn-sm btn-outline-secondary">{{picture.username}}</button>

2個配置されているボタンのうち右側のボタンに、投稿したユーザー名を表示します。

❺<div class="d-flex justify-content-end mb-4">以下

ページネーションの情報と、ページ間を移動するアイコンを表示します。

トップページの投稿画像一覧を見てみよう

開発サーバーを起動して、アプリのトップページからログインし、ログイン後のトップページ（投稿画像の一覧ページ）を表示してみましょう。

■図8.19　ログイン後のトップページ

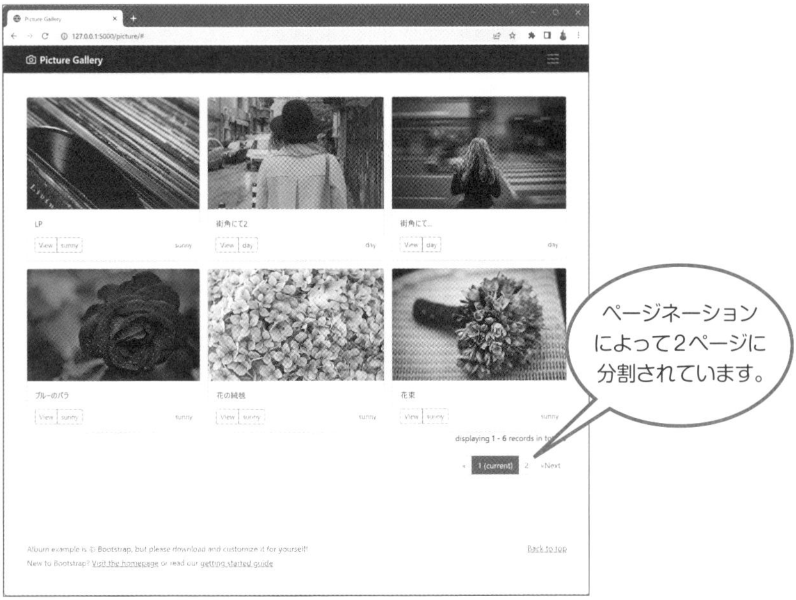

ここでは、9件の投稿画像が2ページに分割されて表示されています。

8.5

投稿画像の詳細ページを用意しよう

投稿画像の詳細ページを用意しましょう。投稿画像の一覧には、それぞれのサムネイルごとに[View]ボタンが表示されます。このボタンに詳細ページへのリンクを設定し、リンク先の詳細ページには投稿された写真とタイトル、コメント、投稿された日時を表示するようにしましょう。

詳細ページのルーティングとビューを定義する

詳細ページのルーティングとビューを定義しましょう。「pictapp」の「views.py」を**エディター**で開いて、モジュールの末尾に次のコードを記述します。

▼詳細ページのルーティングとビューの定義(picture_project/apps/pictapp/views.py)

```
......省略......

"""詳細ページのルーティングとビューの定義
"""
@pictapp.route('/detail/<int:id>')
@login_required
def show_detail(id):
    # apps.modelsモジュールmodelpictのUserPictureモデルで
    # データベーステーブルから<int:id>で取得したidのレコードを抽出
    detail = db.session.get(modelpict.UserPicture, id)
    # 抽出したレコードをdetail=detailに格納して
    # detail.htmlをレンダリングする
    return render_template('detail.html', detail=detail)
```

ルーティングのURL「detail/<int:id>」の<int:id>の部分には、呼び出し側(トップページのリンク)から対象のレコードのidが渡されます。

詳細ページのテンプレートを作成しよう

詳細ページのテンプレート「detail.html」を、「pictapp」の「templates_pict」フォルダーに作成しましょう。

■図8.20　詳細ページのテンプレート「detail.html」を作成

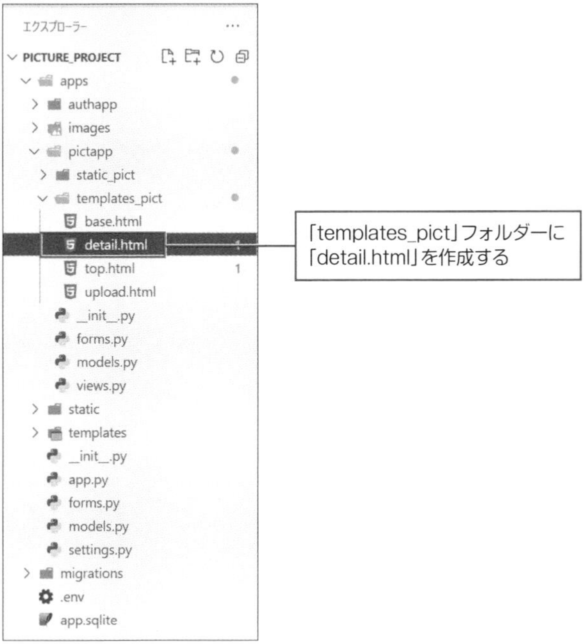

作成した「detail.html」を**エディター**で開いて、次のように入力します。

▼詳細ページのテンプレート（picture_project/apps/pictapp/templates_pict/detail.html）

```
<!-- ベーステンプレートを適用する -->
{% extends 'base.html' %}

<!-- ヘッダー情報のページタイトルは
      ベーステンプレートを利用するページで設定する -->
{% block title %}Detail{% endblock %}
```

```
<!-- メインコンテンツをテンプレートタグで囲む -->
{% block contents %}
<!-- メインコンテンツ -->
<div class="album py-5 bg-light">
    <!-- Bootstrapのグリッドシステム -->
    <div class="container">
        <!-- 行要素を配置 -->
        <div class="row row-cols-1 row-cols-sm-2 row-cols-md-3 g-3">
            <div>
                <!-- タイトル -->
                <h3>{{detail.title}}</h3>
                <!-- メッセージ -->
                <h4>{{detail.contents}}</h4>
                <!-- detail.image_pathを引数にしてpictapp.image_fileを呼び出して
                    imagesフォルダー内の画像ファイルのパスを取得 -->
                <img
          src="{{ url_for('pictapp.image_file', filename=detail.image_path) }}"
                    alt="画像" />
            </div>
            <!-- 行要素以下のタグまで -->
        </div>
        <!-- 投稿日時を表示 -->
        <p>create_at: {{detail.create_at}}</p>
        <!-- pictappのトップページへのリンク -->
        <a href="{{ url_for('pictapp.index') }}">画像一覧へ戻る</a>
        <!-- グリッドシステム以下のタグまで -->
    </div>
</div>
<!-- メインコンテンツを設定する<div>～</div>をテンプレートタグで囲む -->
{% endblock %}
```

トップページ（投稿画像一覧ページ）に詳細ページのリンクを設定しよう

トップページのテンプレート（top.html）には、**View**というボタンを配置する箇所があるので、ボタンのリンク先に詳細ページのビューdetailを設定しましょう。

▼トップページ（投稿画像一覧ページ）のテンプレート
（picture_project/apps/pictapp/templates_pict/top.html）

```
<!-- ベーステンプレートを適用する -->
{% extends 'base.html' %}

<!-- ヘッダー情報のページタイトルは
     ベーステンプレートを利用するページで設定する -->
{% block title %}Picture Gallery{% endblock %}

<!-- メインコンテンツを設定する<div>〜</div>をテンプレートタグで囲む -->
{% block contents %}
<!-- メインコンテンツ -->
  <div class="album py-5 bg-light">
    <!-- Bootstrapのグリッドシステム -->
    <div class="container">
      <!-- 行要素を配置 -->
      <div class="row row-cols-1 row-cols-sm-2 row-cols-md-3 g-3">
        <!-- レコードが格納されたuser_pictsから1件ずつ取り出す -->
        {% for picture in user_picts %}
        <!-- 画像のサムネイルを表示するブロック -->
        <!-- 列要素を配置 -->
        <div class="col">
          <div class="card shadow-sm">
            <!-- サムネイルの表示部 -->
            <!-- picture.image_pathを引数にしてpictapp.image_fileを呼び出して
            imagesフォルダー内の画像ファイルのパスを取得 -->
            <img
              src="{{ url_for('pictapp.image_file', filename=picture.image_path) }}"
              alt="画像"
```

```
        class="bd-placeholder-img card-img-top"
        width="100%" height="225"
        xmlns="http://www.w3.org/2000/svg"
        role="img" aria-label="Placeholder: Thumbnail"
        preserveAspectRatio="xMidYMid slice"
        focusable="false">
        <title>Placeholder</title>
        <rect width="100%" height="100%" fill="#55595c"/>
      <!-- サムネイル下の表示ブロック -->
      <div class="card-body">
        <!-- 投稿画像のタイトルを出力 -->
        <p class="card-text">{{picture.title}}</p>
        <div class="d-flex justify-content-between align-items-center">
          <div class="btn-group">
            <!-- 詳細ページのリンクを<a>タグで設定 -->
            <a href="{{url_for('pictapp.show_detail', id=picture.id)}}">
              <button type="button"
                      class="btn btn-sm btn-outline-secondary">
                      View</button></a>
            <!-- ボタンのテキストを投稿したユーザー名にする -->
            <button type="button"
                    class="btn btn-sm btn-outline-secondary">
                    {{picture.username}}</button>
          </div>
          ......省略......
```

詳細ページを表示してみよう

開発サーバーを起動して、詳細ページを表示してみましょう。

■図8.21 ログイン後のトップページ（投稿画像一覧ページ）

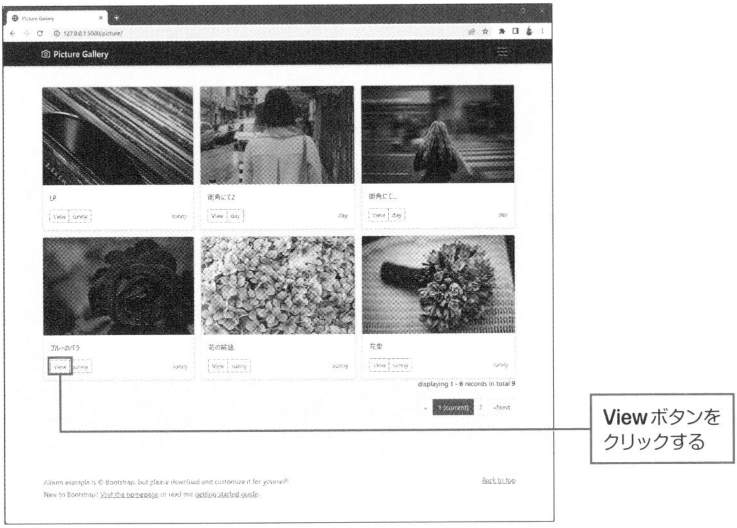

■図8.22 詳細ページ

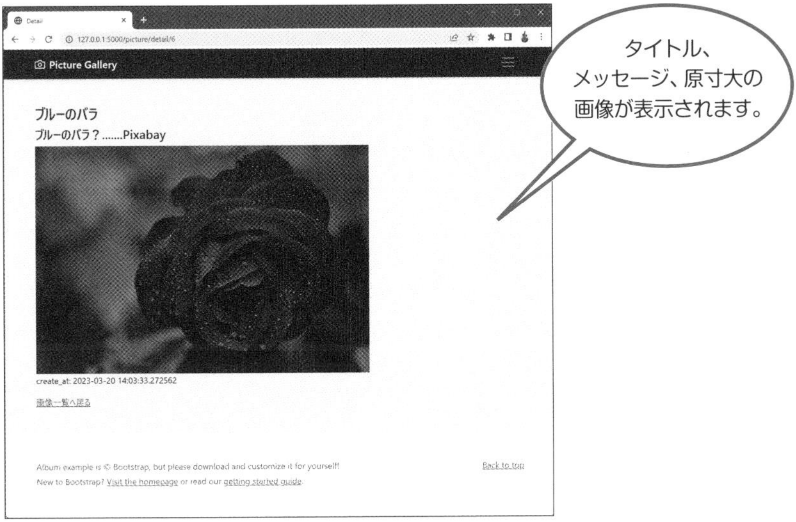

8.6

ユーザー別の投稿一覧ページを用意しよう

ユーザーが投稿した写真を一覧で表示するページを用意しましょう。投稿写真の一覧には、それぞれの写真ごとに、投稿したユーザーの名前が表示されます。ユーザー名のボタンとテキストにリンクを設定し、該当のユーザーの投稿一覧を表示するようにします。

ユーザーの投稿一覧のルーティングとビューの定義

「pictapp」の「views.py」を開いて、モジュールの末尾にユーザーの投稿一覧のルーティングとビューの定義コードを追加しましょう。

▼ユーザーの投稿一覧のルーティングとビューの定義
(picture_project/apps/pictapp/views.py)

```
......省略......
"""ユーザーの投稿一覧ページのルーティングとビューの定義
"""
@pictapp.route('/user-list/<int:user_id>')
@login_required
def user_list(user_id):
    # apps.modelsモジュールmodelpictのUserPictureモデルで
    # データベーステーブルのuser_idカラムが<int:user_id>のレコードを抽出し、
    # create_atの降順で並べ替えるクエリ
    stmt = select(
        modelpict.UserPicture).filter_by(user_id=user_id).order_by(
            modelpict.UserPicture.create_at.desc())
    # データベースにクエリを発行
    userlist = db.session.execute(stmt).scalars().all()

    # 抽出したレコードをuserlist=userlistに格納して
    # userlist.htmlをレンダリングする
    return render_template(
        'userlist.html', userlist=userlist)
```

ルーティングのURL「/user-list/<int:user_id>」の<int:user_id>の部分で、呼び出し側（投稿画像一覧ページのリンク）からユーザーのid（user_id）の値を受け取ります。これを基にして、該当するレコードをpicturesテーブルから抽出し、userlist.htmlをレンダリングする際にuserlist=userlistとしてレンダリングエンジンに引き渡します。

トップページ（投稿画像一覧ページ）にリンクを設定しよう

ログイン後のトップページ（投稿画像一覧ページ）には、サムネイルのパネルごとにユーザー名のボタンとテキストが配置されています。テンプレート（top.html）を**エディター**で開いて、ボタンとテキストに、ユーザー別の投稿一覧ページへのリンクを設定しましょう。

▼ユーザー名のボタンとテキストに、別の投稿一覧ページへのリンクを設定
(picture_project/apps/pictapp/templates_pict/top.html)

```
<!-- ベーステンプレートを適用する -->
{% extends 'base.html' %}

<!-- ヘッダー情報のページタイトルは
     ベーステンプレートを利用するページで設定する -->
{% block title %}Picture Gallery{% endblock %}

<!-- メインコンテンツを設定する<div>～</div>をテンプレートタグで囲む -->
{% block contents %}
<!-- メインコンテンツ -->
  <div class="album py-5 bg-light">
    <!-- Bootstrapのグリッドシステム -->
    <div class="container">
      <!-- 行要素を配置 -->
      <div class="row row-cols-1 row-cols-sm-2 row-cols-md-3 g-3">
        <!-- レコードが格納されたuser_pictsから1件ずつ取り出す -->
        {% for picture in user_picts %}
```

```
<!-- 画像のサムネイルを表示するブロック -->
<!-- 列要素を配置 -->
<div class="col">
  <div class="card shadow-sm">
    <!-- サムネイルの表示部 -->
    <!-- picture.image_pathを引数にしてpictapp.image_fileを呼び出して
    imagesフォルダー内の画像ファイルのパスを取得-->
    <img
      src="{{ url_for('pictapp.image_file', filename=picture.image_path) }}"
      alt="画像"
      class="bd-placeholder-img card-img-top"
      width="100%" height="225"
      xmlns="http://www.w3.org/2000/svg"
      role="img" aria-label="Placeholder: Thumbnail"
      preserveAspectRatio="xMidYMid slice"
      focusable="false">
      <title>Placeholder</title>
      <rect width="100%" height="100%" fill="#55595c"/>
    <!-- サムネイル下の表示ブロック -->
    <div class="card-body">
      <!-- 投稿画像のタイトルを出力 -->
      <p class="card-text">{{picture.title}}</p>
      <div class="d-flex justify-content-between align-items-center">
        <div class="btn-group">
          <!-- 詳細ページのリンクを<a>タグで設定 -->
          <a href="{{url_for('pictapp.show_detail', id=picture.id)}}">
            <button type="button"
                    class="btn btn-sm btn-outline-secondary">
                    View</button></a>
          <!-- ボタンのテキストを投稿したユーザー名にする -->
          <!-- ユーザー名をユーザーの投稿一覧ページへのリンクにする
            user_id=picture.user_idでpicturesテーブルの
            user_idカラムの値を引き渡す-->
          <a href="{{url_for('pictapp.user_list', user_id=picture.user_id)}}">
          <button type="button"
```

```
                    class="btn btn-sm btn-outline-secondary">
                    {{picture.username}}</button></a>
            </div>
            <!-- 投稿したユーザー名にリンクを設定 -->
            <a href="{{url_for('pictapp.user_list', user_id=picture.user_id)}}">
              <small class="text-muted">{{picture.username}}</small></a>
          </div>
        </div>
      </div>
      ......省略......
```

ユーザーの投稿一覧のテンプレートを作成しよう

ユーザーの投稿一覧のテンプレート「userlist.html」を、「pictapp」の「templates_pict」フォルダーに作成しましょう。

図8.23　ユーザーの投稿一覧のテンプレート「userlist.html」を作成

作成した「userlist.html」を**エディター**で開きましょう。記述するコードは投稿画像一覧ページのテンプレートとほとんど同じなので、「top.html」のコードを丸ごとコピーして貼り付けてください。貼り付けが完了したら、次の2カ所を編集しましょう。

・{% for picture in user_picts %}を{% for picture in userlist %}に書き換え
・<!-- Pager-->のコメント以下のページネーションのブロックを削除

▼詳細ページのテンプレート(picture_project/apps/pictapp/templates_pict/userlist.html)

```
<!-- ベーステンプレートを適用する -->
{% extends 'base.html' %}

<!-- ヘッダー情報のページタイトルは
     ベーステンプレートを利用するページで設定する -->
{% block title %}Picture Gallery{% endblock %}

<!-- メインコンテンツを設定する<div>～</div>をテンプレートタグで囲む -->
{% block contents %}
<!-- メインコンテンツ -->
  <div class="album py-5 bg-light">
    <!-- Bootstrapのグリッドシステム -->
    <div class="container">
      <!-- 行要素を配置 -->
      <div class="row row-cols-1 row-cols-sm-2 row-cols-md-3 g-3">
        <!-- レコードが格納されたuserlistから1件ずつ取り出す -->
        {% for picture in userlist %}
        <!-- 画像のサムネイルを表示するブロック -->
        <!-- 列要素を配置 -->
        <div class="col">

        ......省略......

        <!-- 列要素以下のタグまで -->
        </div>
        {% endfor %}
```

```
        <!-- 行要素以下のタグまで -->
        </div>

        <!-- Pager-->

      <!-- グリッドシステム以下のタグまで -->
      </div>
    </div>
<!-- メインコンテンツを設定する<div>〜</div>をテンプレートタグで囲む-->
{% endblock %}
```

ページネーションの処理を削除

ユーザーの投稿一覧ページを表示してみよう

開発サーバーを起動して、ユーザーの投稿一覧ページを表示してみましょう。

■図8.24　ログイン後のトップページ（投稿画像一覧ページ）

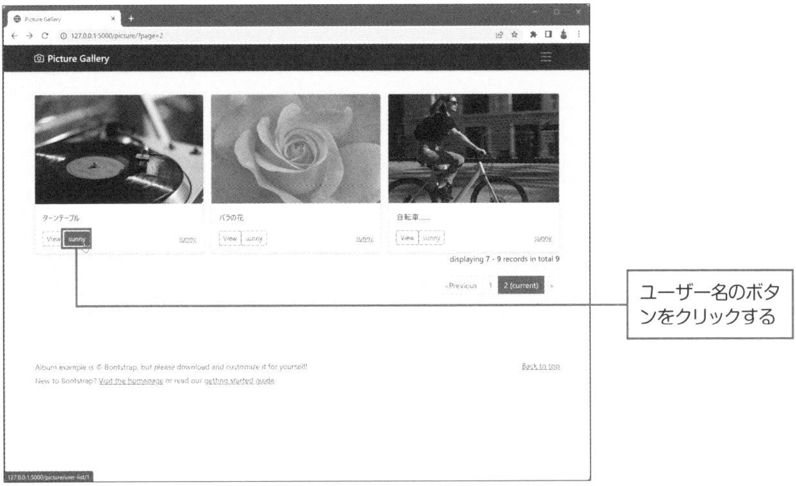

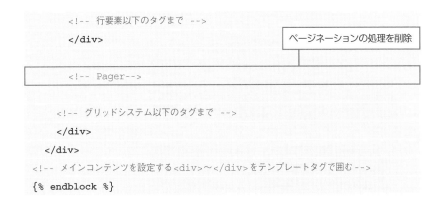

■図8.25　ユーザーの投稿一覧ページ

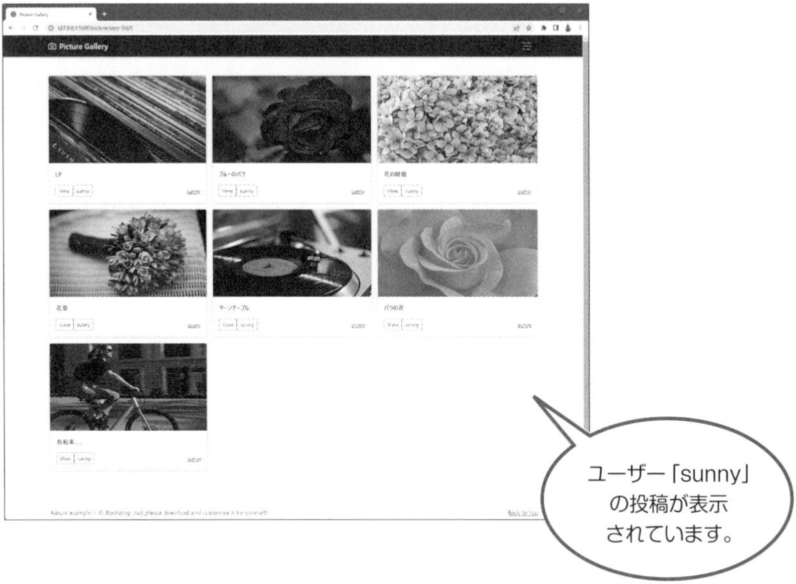
Picture Gallery
ユーザー「sunny」
の投稿が表示
されています。

8.7

マイページを用意して削除機能を実装しよう

ログインしたユーザーの「マイページ」を用意します。マイページには、ユーザーの投稿画像を一覧で表示し、投稿画像を削除するための「削除」のリンクを配置します。

マイページのルーティングとビューを定義しよう

マイページには投稿画像の削除機能を実装するので、ここでは

・マイページのルーティングとビューの定義
・テーブルからレコードを削除する機能のルーティングとビューの定義

を行います。

「pictapp」の「views.py」を**エディター**で開いて、モジュールの末尾に以下のコードを追加しましょう。

▼マイページ、レコード削除機能のルーティングとビューの定義
(picture_project/apps/pictapp/views.py)

```
......省略......

"""マイページのルーティングとビューの定義
"""
@pictapp.route('/mypage/<int:user_id>')
@login_required
def mypage(user_id):
    # apps.modelsモジュールmodelpictのUserPictureモデルで
    # データベーステーブルのuser_idカラムが<int:user_id>のレコードを抽出し、
    # create_atの降順で並べ替えるクエリ
    stmt = select(
        modelpict.UserPicture).filter_by(user_id=user_id).order_by(
            modelpict.UserPicture.create_at.desc())
    # データベースにクエリを発行
    mylist = db.session.execute(stmt).scalars().all()
```

```
    # 抽出したレコードをmylist=mylistに格納して
    # mypage.htmlをレンダリングする
    return render_template('mypage.html', mylist=mylist)

"""テーブルからレコードを削除する機能のルーティングとビューの定義

マイページ(mypage.html)の削除用リンクからのみ呼ばれる
<int:id>で削除対象レコードのidを取得
"""
@pictapp.route('/delete/<int:id>')
@login_required
def delete(id):
    # 削除対象のidのレコードをデータベースから取得
    entry = db.session.get(modelpict.UserPicture, id)
    # データベースのインスタンスからsession.delete()を実行し、
    # 引数に指定したレコードを削除する
    db.session.delete(entry)
    # 削除した結果をデータベースに反映する
    db.session.commit()
    # 投稿画像一覧ページにリダイレクト
    return redirect(url_for('pictapp.index'))
```

マイページのテンプレートを作成しよう

マイページのテンプレート「mypage.html」を「pictapp」の「templates_pict」フォルダーに作成しましょう。

図8.26　マイページのテンプレート「mypage.html」を作成

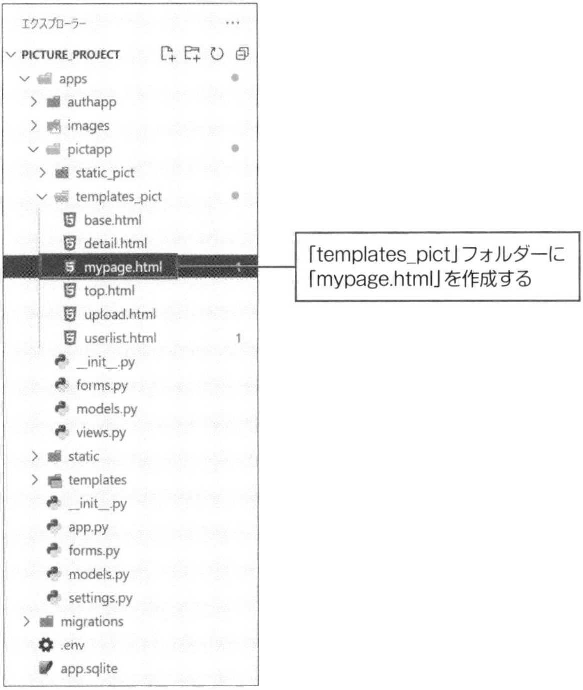

作成した「mypage.html」を**エディター**で開き、次のように入力しましょう。

▼マイページのテンプレート（picture_project/apps/pictapp/templates_pict/mypage.html）

```
<!-- ベーステンプレートを適用する -->
{% extends 'base.html' %}

<!-- ヘッダー情報のページタイトルは
     ベーステンプレートを利用するページで設定する -->
{% block title %}MyPage{% endblock %}

<!-- メインコンテンツを設定する<div>～</div>をテンプレートタグで囲む -->
{% block contents %}
<!-- メインコンテンツ -->
```

```
<div class="album py-5 bg-light">
  <!-- Bootstrapのグリッドシステム -->
  <div class="container">
    <!-- 行要素を配置 -->
    <div class="row row-cols-1 row-cols-sm-2 row-cols-md-3 g-3">
      <!-- 列要素を配置 -->
      <div class="col">
        <h2>投稿記事の削除</h2>
        <p>
          削除する記事の［削除］をクリックしてください。
        </p>
        <!-- pictappのトップページへのリンク -->
        <a href="{{ url_for('pictapp.index') }}">画像一覧へ戻る</a>
        <br><br>
        <!-- テーブルを配置 -->
        <table>
          <tr>
            <th>削除</th>
            <th>タイトル</th>
            <th>投稿日時</th>
          </tr>
          <!-- レコードを1件ずつ取り出す -->
          {% for entry in mylist %}
          <tr>
            <td>
              <!-- deleteビューへのリンク
                  id=entry.idで「処理中のレコードのid」を引き渡す -->
              <a href="{{ url_for('pictapp.delete', id=entry.id )}}">削除</a>
            </td>
            <!-- タイトルを表示 -->
            <td>{{entry.title}}</td>
            <!-- 投稿日時を表示 -->
            <td>{{entry.create_at}}</td>
          </tr>
          {% endfor %}
```

```
        </table>

        <!-- 列要素以下のタグまで -->
      </div>
      <!-- 行要素以下のタグまで -->
    </div>
    <!-- グリッドシステム以下のタグまで -->
  </div>
</div>
<!-- メインコンテンツを設定する<div>~</div>をテンプレートタグで囲む -->
{% endblock %}
```

ナビゲーションメニューの「マイページ」のリンクを設定しよう

ベーステンプレートのナビゲーションメニューのアイテムに「マイページ」があります。これをクリックしたときのリンク先を設定しましょう。「templates_pict」の「base.html」を**エディター**で開いて、以下のようにリンク先を編集しましょう。

▼ナビゲーションメニューの「マイページ」のリンクを設定
(picture_project/apps/pictapp/templates_pict/base.html)

```
......<head>~</head>省略......
<body>
  <!--  ページのヘッダー -->
  <header>
    <!-- ナビゲーションバーのヘッダー -->
    <div class="collapse bg-dark" id="navbarHeader">
      <div class="container">
        <div class="row">
          <div class="col-sm-8 col-md-7 py-4">
            <!-- タイトルと本文 -->
            <h4 class="text-white">お気に入りの画像を投稿しよう!</h4>
            <p class="text-muted">
```

```
                お気に入りの画像にコメントを付けて投稿しましょう。
                自作の画像で公序良俗に反しないものであれば何でもオッケーです！
                タイトルとコメントをお忘れなく。
                お気に入りの画像をみんなで楽しみましょう！
            </p>
        </div>
        <div class="col-sm-4 offset-md-1 py-4">
            <!-- ナビゲーションメニューのタイトル -->
            <!-- ログイン中であるかをチェックする -->
            {% if current_user.is_authenticated %}
            <h4 class="text-white">
                <!-- current_user.usernameでログイン中のユーザー名を取得 -->
                <span>{{ current_user.username }}</span>さん、ようこそ！
            </h4>
            {% endif %}
            <!-- ナビゲーションメニュー -->
            <ul class="list-unstyled">
                <!-- uploadビューへのリンクを設定 -->
                <li><a href="{{ url_for('pictapp.upload') }}"
                        class="text-white">投稿する</a></li>
                <!-- マイページへのリンク
                        user_id=current_user.idで「ユーザーのid」を引き渡す-->
                <li><a href="{{url_for('pictapp.mypage', user_id=current_user.id)}}"
                        class="text-white">マイページ</a></li>
                <!-- ログアウトの処理はlogoutビューで行う -->
                <li><a href="{{url_for('pictapp.logout')}}"
                        class="text-white">ログアウト</a></li>
            </ul>
        </div>
    </div>
  </div>
</div>
<!-- ナビゲーションバー本体 -->
<div class="navbar navbar-dark bg-dark shadow-sm">
......省略......
```

マイページで投稿画像を削除してみよう

開発サーバーを起動して、「マイページ」から投稿画像を削除してみましょう。

■図8.27　ログイン後の投稿画像一覧ページ

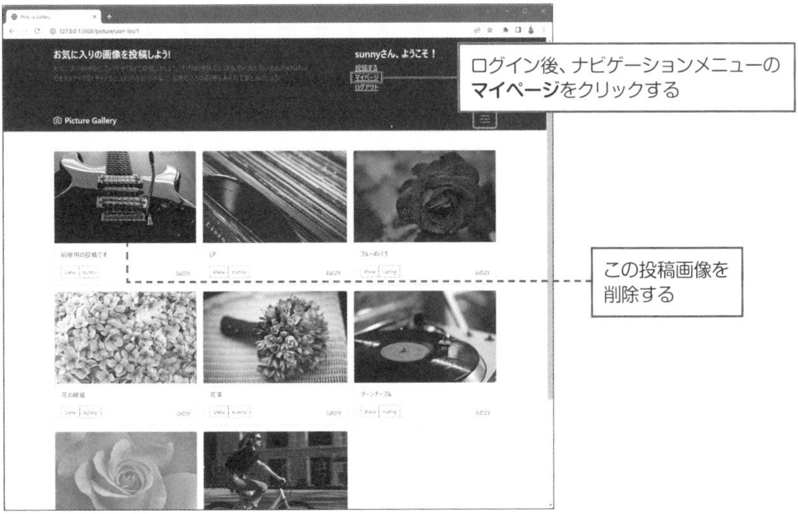

「マイページ」にこれまでの投稿画像の一覧が表示されます。削除したい画像の**削除**をクリックします。

■図8.28　ユーザーの「マイページ」

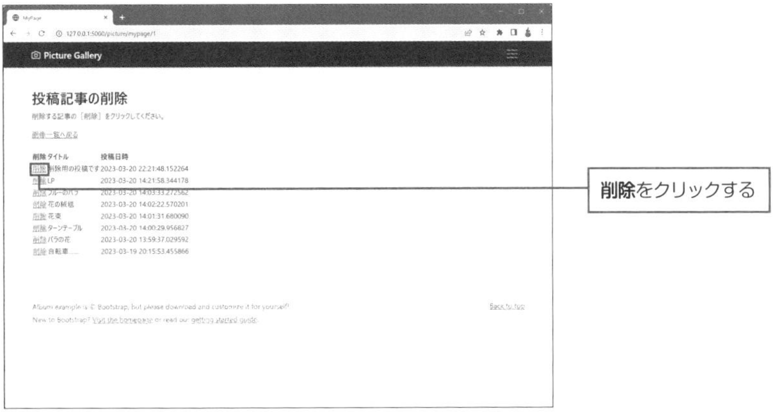

削除のリンクをクリックした投稿画像が削除されます。

■図8.29　投稿画像一覧ページ

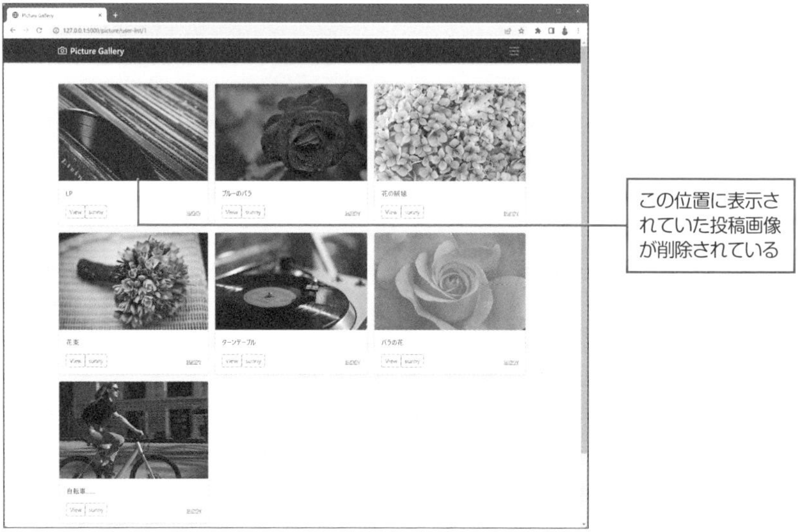

投稿画像の削除を行うと、データベースのpicturesテーブルから該当のレコードが削除されます。ただし、「images」フォルダーに保存されている画像ファイルは残るので、必要に応じて手動で削除を行ってください。

8.8

画像投稿アプリの全ページ

第6章から開発してきた画像投稿アプリでは、全体のトップページを扱う「apps.py」が格納された「apps」フォルダー内に、
・ログイン／ログアウトの処理を行う「aurhapp」
・ログイン後の画面を扱う「pictapp」
をそれぞれ作成しました。

画像投稿アプリの全ページ

開発した画像投稿アプリの全ページを確認しておきましょう。

■図8.30　トップページ（http://127.0.0.1:5000）

■図8.31　トップページの「Services」画面（http://127.0.0.1:5000/#services）

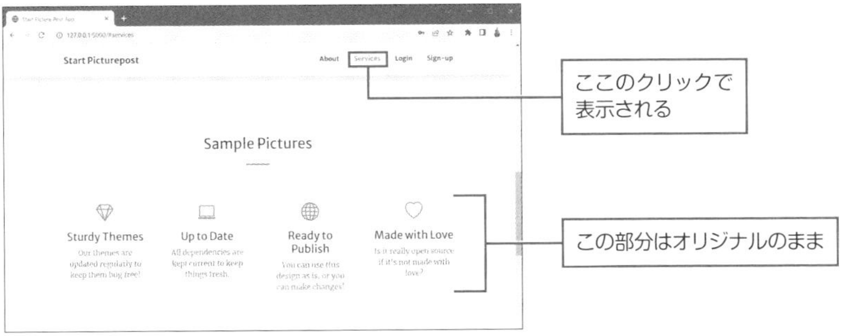

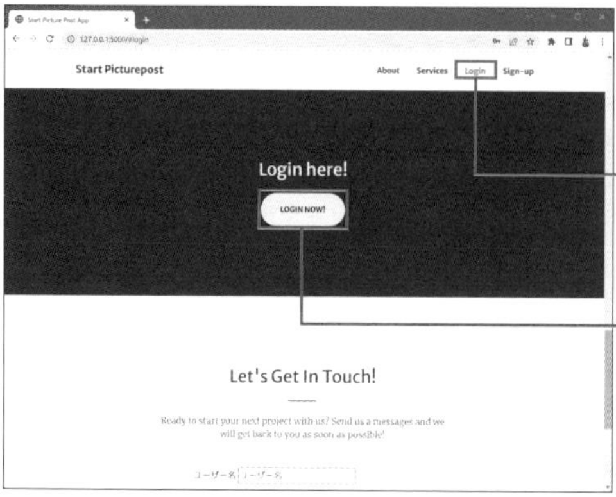

図8.32
トップページの「Login」画面
(http://127.0.0.1:5000/#login)

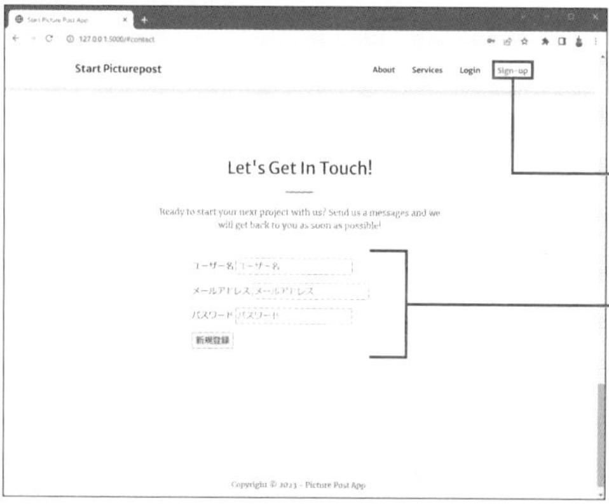

図8.33
トップページの「Sign-up」画面
(http://127.0.0.1:5000/#contact)

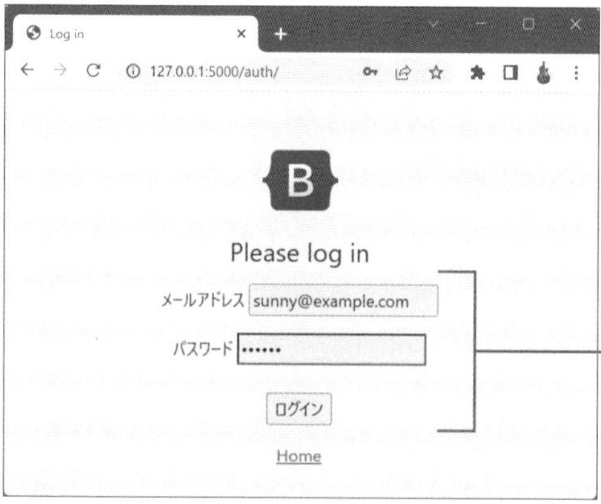

図8.34
ログインページ
(http://127.0.0.1:5000/auth/)

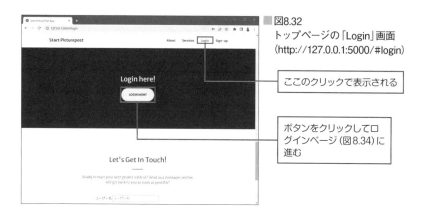

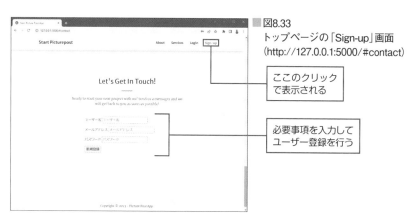

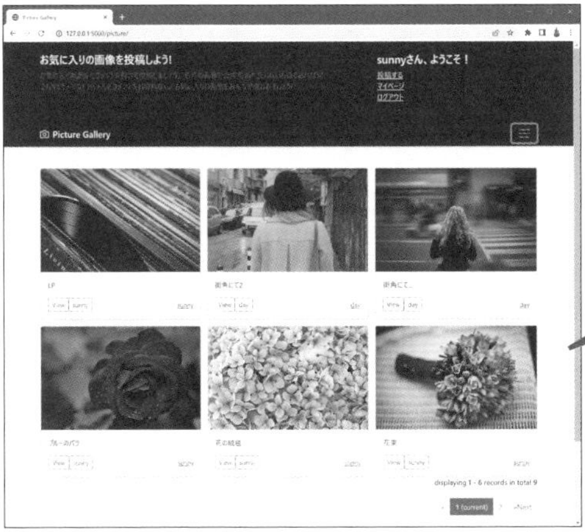

図8.35
ログイン後の投稿画像一覧ページ
(http://127.0.0.1:5000/picture/)

図8.36
ユーザーの画像投稿ページ
(http://127.0.0.1:5000/picture/upload)

図8.37
ユーザーごとの「マイページ」
(http://127.0.0.1:5000/picture/mypage/1、末尾の1はユーザーid)

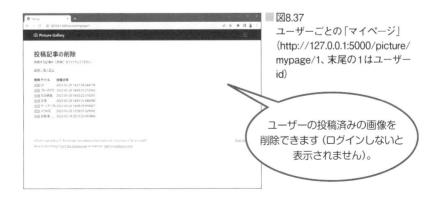

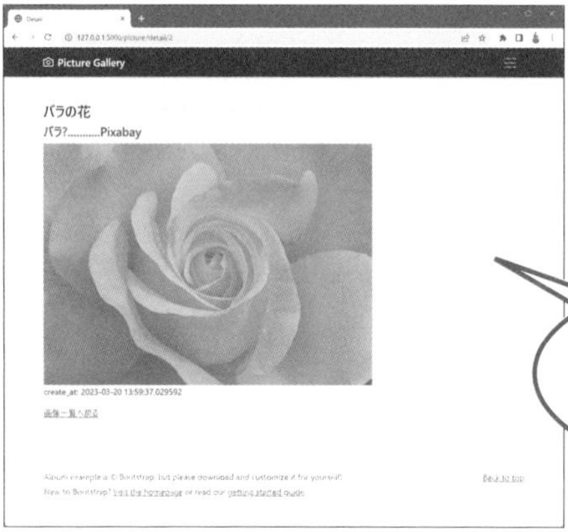

図8.38　詳細ページの例1
(http://127.0.0.1:5000/picture/detail/2、末尾の2はレコードid)

投稿画像一覧ページでViewボタンを押すと表示されます。

図8.39　詳細ページの例2

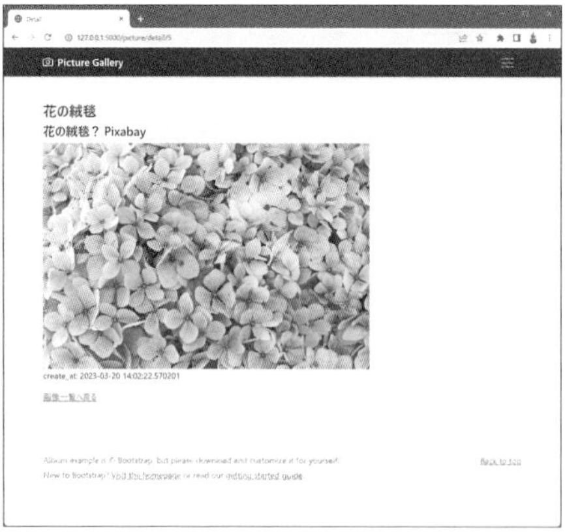

図8.40　詳細ページの例3

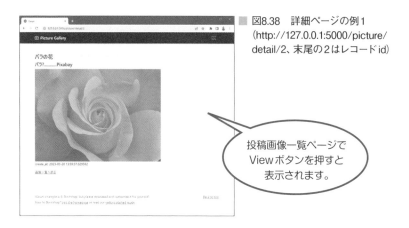

索引

【記号】

【数字】

MEMO

Flask《フラスク》

Web《ウェブ》アプリ開発実装《かいはつじっそう》ハンドブック

発行日　2023年　5月30日　第1版第1刷

著　者　チーム・カルポ

発行者　斉藤　和邦

発行所　株式会社　秀和システム

〒135-0016

東京都江東区東陽2-4-2　新宮ビル2F

Tel 03-6264-3105（販売）Fax 03-6264-3094

印刷所　三松堂印刷株式会社　Printed in Japan

ISBN978-4-7980-6796-4 C3055